大数据挖掘及分析研究

洪新军 著

北京工业大学出版社

图书在版编目（CIP）数据

大数据挖掘及分析研究 / 洪新军著. — 北京： 北京工业大学出版社，2018.12（2022.5 重印）
ISBN 978-7-5639-6562-5

Ⅰ．①大… Ⅱ．①洪… Ⅲ．①数据采集－研究②数据处理－研究 Ⅳ．① TP274

中国版本图书馆 CIP 数据核字（2019）第 022560 号

大数据挖掘及分析研究

著　　者：	洪新军
责任编辑：	齐雪娇
封面设计：	点墨轩阁
出版发行：	北京工业大学出版社
	（北京市朝阳区平乐园 100 号　邮编：100124）
	010-67391722（传真）　　bgdcbs@sina.com
经销单位：	全国各地新华书店
承印单位：	三河市明华印务有限公司
开　　本：	787 毫米 ×1092 毫米　1/16
印　　张：	10.5
字　　数：	210 千字
版　　次：	2018 年 12 月第 1 版
印　　次：	2022 年 5 月第 3 次印刷
标准书号：	ISBN 978-7-5639-6562-5
定　　价：	48.00 元

版权所有　　翻印必究

（如发现印装质量问题，请寄本社发行部调换 010-67391106）

前　言

目前，对大数据的搜索、挖掘、可视化以及集群管理，在当今的互联网时代是很有必要的。本书的分布式大数据搜索、日志挖掘、可视化、集群管理与性能监控等方案是基于 Elastic Stack 5 提出的，它能有效应对海量大数据带来的分布式数据存储与处理、全文检索、日志挖掘、可视化、集群管理与性能监控等问题。高校的数据分析类课程（如数据挖掘、机器学习、大数据分析等）教学方式大多以"知识点"为核心组织教学，学生主要以学习知识为主，工程应用实践较少。教师将所要教授的知识点在课堂上讲述，课后再以作业练习、课程实验、课程设计等形式帮助学生深入理解课堂上所学的知识。本书围绕大数据背景下的数据挖掘及应用问题，从大数据挖掘的基本概念入手，由浅入深、循序渐进地介绍了大数据与数据分析、大数据存储、大数据分析工具、大数据与信息安全、基于二部图网络的电子商务推荐算法研究、基于位置的社交网络好友推荐算法研究和基于稀有类分类的信用卡欺诈识别研究等内容。其中数据挖掘理论和经典算法不仅覆盖了传统的关联分析、分类和聚类，还包括深度学习理论等数据挖掘研究和发展的潮流主题。每一章内容都尽量从不同角度进行深入浅出的剖析，还配以丰富的参考文献，对于读者掌握大数据挖掘及应用领域的基本知识具有参考价值。本书内容新颖，强调实践，可为高等学校相关专业学生的学习和科研工作提供帮助，同时对于从事大数据搜索与日志挖掘、信息可视化、集群管理与性能监控的工程技术人员和希望了解网络信息检索技术的人员也具有较高的参考价值和工程应用价值。

由于作者水平有限，加之时间仓促，书中难免有疏漏之处，敬请广大读者批评指正。

目 录

第 1 章 大数据与数据分析 ································· 1
1.1 概 述 ··· 1
1.2 云计算与大数据 ·· 14
1.3 物联网与大数据 ·· 27
1.4 移动互联网与大数据 ··· 47
1.5 大数据应用 ·· 49
1.6 大数据应用带来的挑战 ······································ 58

第 2 章 大数据存储 ··· 69
2.1 大数据对数据存储的要求 ··································· 69
2.2 存储技术 ··· 75
2.3 云存储技术 ·· 82
2.4 大数据存储解决方案 ··· 86

第 3 章 大数据分析工具 ··· 91
3.1 数据分析概述 ··· 91
3.2 数据挖掘 ··· 92
3.3 关联分析 ··· 95
3.4 先验算法 ··· 98
3.5 聚类分析 ··· 101
3.6 分类分析 ··· 103
3.7 时间序列分析 ··· 104

第 4 章 大数据与信息安全 ····································· 109
4.1 大数据安全面临的问题及其特征 ························· 109
4.2 大数据信息安全风险因素识别 ···························· 112

    4.3 大数据安全策略 ··· 115
    4.4 大数据安全与政策法规建设 ·· 117

第5章 基于二部图网络的电子商务推荐算法研究 ································ 125
    5.1 推荐算法概述 ··· 125
    5.2 基于二部图网络的推荐算法概述及其改进 ································· 127

第6章 基于位置的社交网络好友推荐算法研究 ···································· 129
    6.1 概述 ·· 129
    6.2 基于位置的社交网络 ··· 129
    6.3 基于位置信息对好友推荐算法的改进 ·· 134

第7章 基于稀有类分类的信用卡欺诈识别研究 ···································· 137
    7.1 概述 ·· 137
    7.2 信用卡概述 ·· 141
    7.3 不均衡数据集的处理 ··· 145
    7.4 基于AdaBoost的稀有类分类算法 ··· 147

参考文献 ·· 161

第 1 章　大数据与数据分析

1.1　概　述

1.1.1　大数据的含义及意义

一、基本概念

大数据是指以多元形式，自多渠道搜集而来的庞大数据组，往往具有实时性。在企业对企业销售的情况下，这些数据可能来自社交网络、电子商务网站、顾客来访纪录，还有许多其他来源。这些数据，并非公司顾客关系管理数据库的常态数据组。

从技术上看，大数据与云计算的关系就像一枚硬币的正反面，密不可分。大数据必然无法用单台的计算机进行处理，必须采用分布式计算架构。它的特色在于对海量数据的挖掘，但其必须依托云计算的分布式处理、分布式数据库、云存储和/或虚拟化技术（在维克托•迈尔-舍恩伯格及肯尼斯•库克耶所著的《大数据时代：生活、工作与思维的大变革》中，大数据是指不用随机分析法（抽样调查）而采用所有数据的方法）。大数据的"4V"特点：大量（Volume）、高速（Velocity）、多样（Variety）、价值（Value）。

早在 1980 年，著名未来学家阿尔文•托夫勒便在《第三次浪潮》一书中，将大数据热情地赞颂为"第三次浪潮的华彩乐章"。不过，大约从 2009 年开始，大数据才成为互联网信息技术行业的流行词汇。美国互联网数据中心指出，互联网上的数据每年将增长 50%，每两年翻一番，而目前世界上 90% 以上的数据是最近几年才产生的。此外，数据又并非单纯指人们在互联网上发布的信息，全世界的工业设备、汽车、电表上有着无数的数码传感器，随时测量和传递着有关位置、运动、震动、温度、湿度乃至空气中化学物质的变化，也产生了海量的数据信息。

二、大数据的意义

大数据的意义是由人类日益普及的网络行为所伴生的，受到相关部门、企业采集的，蕴含数据生产者真实意图、喜好的，非传统结构和意义的数据。2013年5月10日，阿里巴巴集团董事局主席马云在淘宝十周年晚会上，将卸任阿里集团首席执行官（Chief Executive Officer，CEO）的职位，他在晚会上做卸任前的演讲时说，大家还没搞清PC时代的时候，移动互联网来了，还没搞清移动互联网的时候，大数据时代来了。

借着大数据时代的热潮，微软公司生产了一款数据驱动的软件，主要应用于工程建设节约资源以提高效率。在这个过程中可以为世界节约40%的能源。抛开这个软件的前景不看，从微软团队致力于研究开始，可以看出他们的目标不仅是为了节约能源，更加关注智能化运营。例如，通过跟踪取暖器、空调、风扇以及灯光等积累下来的超大量数据，捕捉如何杜绝能源浪费。"给我提供一些数据，我就能做一些改变。如果给我提供所有数据，我就能拯救世界。"微软史密斯这样说。而智能建筑正是他的团队专注的事情。

从海量数据中"提纯"出有用的信息，这对网络架构和数据处理能力而言也是巨大的挑战。在经历了几年的批判、质疑、讨论、炒作之后，大数据终于迎来了属于它的时代。2012年3月22日，奥巴马政府宣布投资2亿美元拉动大数据相关产业发展，将大数据战略上升为国家战略。奥巴马政府甚至将大数据定义为"未来的新石油"。

大数据时代已经来临，它将在众多领域掀起变革的巨浪。但我们要冷静地看到，大数据的核心在于为客户挖掘数据中蕴藏的价值，而不是软硬件的堆砌。因此，针对不同领域的大数据应用模式，商业模式研究将是大数据产业健康发展的关键。我们相信，在国家的统筹规划与支持下，通过各地方政府因地制宜制定大数据产业发展策略，通过国内外IT龙头企业以及众多创新企业的积极参与，大数据产业未来发展前景十分广阔。

大数据就是互联网发展到现今阶段的一种表象或特征而已，没有必要神话它或对它保持敬畏之心，在以云计算为代表的技术创新大幕的衬托下，这些原本很难收集和使用的数据开始被利用起来了，通过各行各业的不断创新，大数据会逐步为人类创造更多的价值。

1.1.2 大数据框架及解决方案

大数据分析是在研究大量的数据的过程中寻找模式、相关性和其他有用的信息，可以帮助企业更好地适应变化，并做出更明智的决策。

（一）Hadoop

Hadoop 是一个能够对大量数据进行分布式处理的软件框架。但是其是以一种可靠、高效、可伸缩的方式进行处理的。Hadoop 是可靠的，因为它假设计算元素和存储会失败，因此它维护多个工作数据副本，确保能够针对失败的节点重新分布处理。Hadoop 是高效的，因为它以并行的方式工作，通过并行处理加快处理速度。Hadoop 还是可伸缩的，能够处理 PB 级数据。此外，Hadoop 依赖于社区服务器，因此它的成本比较低，任何人都可以使用。

Hadoop 是一个能够让用户轻松架构和使用的分布式计算平台。用户可以轻松地在 Hadoop 上开发和运行处理海量数据的应用程序。Hadoop 主要有以下几个优点：

①高可靠性。Hadoop 按位存储和处理数据的能力值得人们信赖。

②高扩展性。Hadoop 是在可用的计算机集簇间分配数据并完成计算任务的，这些集簇可以方便地扩展到数以千计的节点中。

③高效性。Hadoop 能够在节点之间动态地移动数据，并保证各个节点的动态平衡，因此处理速度非常快。

④高容错性。Hadoop 能够自动保存数据的多个副本，并且能够自动将失败的任务重新分配。

Hadoop 带有用 Java 语言编写的框架，因此运行在 Linux 生产平台上是非常理想的。Hadoop 上的应用程序也可以使用其他语言编写，如 C++。

（二）HPCC

HPCC 是 High Performance Computing and Communications（高性能计算与通信）的缩写。1993 年，美国科学、工程、技术联邦协调理事会向国会提交了"重大挑战项目：高性能计算与通信"的报告，也就是被称为高性能计算与通信计划的报告，即美国总统科学战略项目，其目的是通过加强研究与开发，解决一批重要的科学与技术挑战问题。高性能计算与通信是美国实施信息高速公路上实施的计划，该计划的实施将耗资百亿美元，其主要目标要达到：开发可扩展的计算系统及相关软件，以支持太位级网络传输性能，开发千兆比特网络技术，扩展研究和教育机构及网络连接能力。

该项目主要由以下五部分组成：

①高性能计算机系统（HPCS），内容包括今后几代计算机系统的研究、系统设计工具、先进的典型系统及原有系统的评价等。

②先进软件技术与算法（ASTA），内容有巨大挑战问题的软件支撑、新算法设计、软件分支与工具、高性能计算研究中心等；

③国家科研与教育网格（NREN），内容有中接站及10亿位级传输的研究与开发。

④基本研究与人类资源（BRHR），内容有基础研究、培训、教育及课程教材，长期的调查在可升级的高性能计算中来增加创新意识流，通过提高教育和高性能的计算训练与通信来加大熟练的及训练有素的人员的联营，提供必需的基础架构来支持这些调查和研究活动。

⑤信息基础结构技术和应用（IITA），目的在于保证美国在先进信息技术开发方面的领先地位。

（三）Storm

Storm是自由的开源软件，一个分布式的、容错的实时计算系统。Storm可以非常可靠地处理庞大的数据流，用于处理Hadoop的批量数据。Storm很简单，支持多种编程语言，使用起来非常有趣。Storm由推特（Twitter）开源而来，其他知名的应用企业包括淘宝、支付宝、阿里巴巴、乐元素等。

Storm有许多应用领域：实时分析、在线机器学习、不停顿的计算、分布式远过程调用（Remote Procedure Call，RPC）协议（一种通过网络从远程计算机程序上请求的服务）、数据ETL（Extraction-Transformation-Loading，即抽取、转换和加载）等。Storm的处理速度惊人：经测试，每个节点每秒钟可以处理100万个数据元组。Storm是可扩展、容错的，很容易设置和操作。

（四）Apache Drill

为了帮助企业用户寻找更为有效、加快Hadoop数据查询的方法，Apache软件基金会近日发起了一项名为"Drill"的开源项目。Apache Drill实现了Google's Dremel。

据Hadoop厂商MapR技术公司产品经理托马尔·希兰（Tomer Shiran）介绍，"Drill"已经作为Apache孵化器项目来运作，将面向全球软件工程师持续推广。

该项目将会创建出开源版本的谷歌Dremel Hadoop工具（谷歌使用该工具来为Hadoop数据分析工具的互联网应用提速）。而"Drill"将有助于Hadoop用户实现更快查询海量数据集的目的。

"Drill"项目其实也是从谷歌的Dremel项目中获得灵感，该项目帮助谷歌实现海量数据集的分析处理，包括分析抓取Web文档、跟踪安装在Android Market上的应用程序数据、分析垃圾邮件、分析谷歌分布式构建系统上的测试结果等。

通过开发"Drill"开源项目，组织机构将有望建立"Drill"所属的应用程序编程接口（Application Programming Interface，API）和灵活强大的体系架构，从而帮助支持广泛的数据源、数据格式和查询语言。

（五）RapidMiner

RapidMiner 是世界领先的数据挖掘解决方案，它的数据挖掘任务涉及范围广泛，包括各种数据艺术，能简化数据挖掘过程的设计和评价。

RapidMiner 的功能和特点如下：

① 免费提供数据挖掘技术和库。

② 100% 用 Java 代码（可运行在操作系统）。

③ 数据挖掘过程简单，强大和直观。

④ 内部 XML 保证了标准化的格式来表示交换数据挖掘过程。

⑤ 可以用简单脚本语言自动进行大规模进程。

⑥ 多层次的数据视图，确保有效和透明的数据。

⑦ 图形用户界面的互动原型。

⑧ 命令行（批处理模式）自动大规模应用。

⑨ Java 应用程序编程接口。

⑩ 简单的插件和推广机制。

⑪ 强大的可视化引擎，许多尖端的高维数据的可视化建模。

⑫ 400 多个数据挖掘运营商支持。

耶鲁大学已将 RapidMiner 成功地应用在许多不同的应用领域，包括文本挖掘、多媒体挖掘、功能设计、数据流挖掘，集成开发的方法和分布式数据挖掘。

（六）Pentaho BI

Pentaho BI 平台不同于传统的商业智能产品，它是一个以流程为中心的，面向解决方案（Solution）的框架。其目的在于将一系列企业级 BI 产品、开源软件、应用程序编程接口等组件集成起来，以方便商务智能应用的开发。它的出现，使得一系列的面向商务智能的独立产品如 Jfree、Quartz 等，能够集成在一起，构成一项项复杂的、完整的商务智能解决方案。

Pentaho Open BI 套件的核心架构和基础是以流程为中心的，因为其中枢控制器是一个工作流引擎。工作流引擎使用流程定义来定义在 Pentaho BI 平台上执行的商业智能流程。流程可以很容易地被定制，也可以添加新的流程。Pentaho BI 平台包含组件和报表，用以分析这些流程的性能。目前，Pentaho BI 的主要组成元素包括报表生成、分析、数据挖掘和工作流管理等。这些组件通过 J2EE、SOAP、HTTP、Java、JavaScript、Portals 等技术集成到 Pentaho BI 平台中来。Pentaho 的发行，主要以 Pentaho SDK 的形式进行。

Pentaho SDK 共包含五个部分：Pentaho BI 平台、Pentaho 示例数据库、可独立运行的 Pentaho BI 平台、Pentaho 解决方案示例和一个预先配制好的 Pentaho 网络服务器。其中 Pentaho BI 平台是 Pentaho SDK 最主要的部分，囊括了 Pentaho BI 平台源代码的主体；Pentaho 数据库为 Pentaho BI 平台的正常运行提供的数据服务，包括配置信息、解决方案相关的信息等，对于 Pentaho BI 平台来说它不是必需的，通过配置是可以用其他数据库服务取代的；可独立运行的 Pentaho BI 平台是 Pentaho SDK 的独立运行模式的示例，它演示了如何使 Pentaho BI 平台在没有应用服务器支持的情况下独立运行；Pentaho 解决方案示例是一个 Eclipse 工程，用于演示如何为 Pentaho BI 平台开发相关的商业智能解决方案。

Pentaho BI 平台构建于服务器、引擎和组件的基础之上。这些提供了系统的 J2EE 服务器、规则引擎、图表、内容管理、数据集成、分析和建模功能等。这些组件的大部分是基于标准的，可使用其他产品替换之。

1.1.3 大数据的特征及其应用领域

一、大数据的特点

第一，数据体量巨大。从 TB 级别跃升到 PB 级别。

第二，数据类型繁多，如网络日志、视频、图片、地理位置信息等。

第三，价值密度低。以视频为例，连续不间断地监控过程中，可能有用的数据仅仅有一两秒。

第四，处理速度快。这一特点也是和传统的数据挖掘技术有着本质的不同。物联网、云计算、移动互联网、车联网、手机、平板电脑、PC 以及遍布地球各个角落的各种各样的传感器，无一不是数据来源或者承载的方式。

二、应用领域

在时下商界的流行语中，很难找出一个比大数据更吸引眼球的术语了。大数据的颠覆和创新作用几乎在每个行业都有体现，风电行业也不例外。

20 世纪 90 年代末，美国航空航天局的研究人员创造了大数据一词，自诞生以来，它一直是一个模糊而诱人的概念，直到最近几年，才跃升为一个主流词汇。但是，人们对它的态度却仍占据了光谱的两端，一些人对它抱有近乎宗教崇拜的热情，认为大数据时代将释放出巨大的价值，是通往未来的必然之途。在一些观察者眼中，大数据已成为劳动力和资本之外的第三生产力。而怀疑者称,大数据会威胁到知识产权,威胁到隐私保护,无法形成气候。

大数据在风电领域已有所建树。首先,结合了大数据分析和天气建模技术的能源电力系统能够提高风电的可靠性。以往对风资源的预测不够精准,在风能无法贡献预期功力时,火电就要作为后备电力。这样,电网对风电的依赖程度越高,需要建设后备电站的成本就越高。其次,启用火电站的就等于向环境中进行碳排放。然而,在大数据分析的帮助下,温度、气压、湿度、降雨量、风向和风力等变量都得到充分考虑,对风电的预测更加精准。电网调度人员可以提前做好调度安排,也有助于电网消纳更多风电。

除了做到更精准的预测,检测和采集风机的运转数据、风场的运营数据还有利于风机制造商更好地改善风机的性能,风电场业主在追求风场效益最大化时也离不开大数据。

大数据在风电领域的应用前景看起来很美,但当前存在的问题是,将风机、风场的数据汇集起来并非易事。这些数据分散在风机制造商、风场业主、系统运营商和运维服务商等手中,他们能从这些数据中得到利益却无法做到合理分配,所以有些利益相关方宁愿不分享这些数据。

知识产权问题也是大数据影响风电进程的一个拦路虎。试想,如果多家风机制造商都公开风机的设计数据,那将是整个行业的幸事,通过交流和分享,风机的设计会有所改善,性能会提高。但出于商业竞争考虑,风机制造商往往将这些数据视为商业机密、竞争利器,不愿公开。同理,风场业主收集和保存的风电运行数据不但有助于他们做出更好的业务决策,也有利于第三方运维企业提供更好的服务,但在实际情况下,运维商却很难得到这些数据。

风电行业的意义在于向终端消费者提供更稳定、更清洁、更廉价的电力,这是行业存在合理性的根据,也是业界努力的方向。共建并分享运营数据,进而激发这些数据的全部潜力才是风电行业迎接大数据时代的应有姿态。

1.1.4 大数据与商业模式变革

最早提出大数据时代已经到来的机构是全球知名咨询公司麦肯锡。麦肯锡在研究报告中指出,数据已经渗透到每一个行业和业务职能领域,逐渐成为重要的生产因素;而人们对海量数据的运用将预示着新一波生产率增长和消费者盈余浪潮的到来。

麦肯锡的报告发布后,大数据迅速成为计算机行业争相传诵的热门概念,也引起了金融界的高度关注。随着互联网技术的不断发展,数据本身是资产,这一点在业界已经形成共识。如果说云计算为数据资产提供了保管、访问的场所和渠道，那么如何盘活数据资产，使其为国家治理、企业决策乃至个人生活服务，则是大数据的核心议题，也是云计算内在的灵魂和必然的升级方向。

事实上，全球互联网巨头都已意识到了大数据时代的到来，以及数据的重要意义。包括易安信、惠普（微博）、IBM、微软（微博）在内的全球IT巨头纷纷通过收购大数据相关厂商来实现技术整合，亦可见其对大数据的重视。

大数据作为一个较新的概念，目前尚未直接以专有名词被我国政府提出来给予政策支持。不过，在工业和信息化部发布的物联网"十二五"规划上，把信息处理技术作为4项关键技术创新工程之一被提出来，其中还包括海量数据存储、数据挖掘、图像视频智能分析，这都是大数据的重要组成部分。而另外3项关键技术创新工程，包括信息感知技术、信息传输技术、信息安全技术，也都与大数据密切相关。

没有云的话，大数据就是个作坊。

世界上最大的数据估计和互联网一点关系都没有，欧洲对撞实验室做一次碰撞的数据，可能一辈子都做不完，因为这需要很大的数据估计。

今天的数据不是大，而真正有意思的是数据变得在线了，这个恰恰是互联网的特点。所有东西在线远远比"大"更能反映本质。例如，快的打车要用一个交通的数据，如果这些东西不在线，是没有用的。

为什么今天的淘宝数据值钱，因为它在线了。写在磁带、写在纸上的数据，根本没有用。

反过来讲，在线让数据搜集变得非常容易。过去，美国谁要做总统，需要做盖勒普调查，去街上拦2 000个人，在纸上打个勾，预测就很准了。现在不用做这个事情，只要在推特上分析每个人发的东西，就可以推测总统会是谁了。

而且盖勒普调查做完之后很难快速影响社会，而现在的数据可以反过来快速影响社会。

有时候，一些石油、地质之类的公司也来讲大数据，但是这算不算大数据呢？这些公司的数据多是肯定的，但是数据不在线，没有意义。

一、多重挑战

伴随着各种随身设备、物联网和云计算云存储等技术的发展，人和物的所有轨迹都可以被记录。移动互联网的核心网络节点是人，不再是网页。数据大爆炸下，怎样挖掘这些数据，面临着技术与商业的双重挑战。

首先，如何将数据信息与产品和人相结合，达到产品或服务优化是大数据商业模式延展上的挑战之一。张夏天认为，大数据对算法和计算平台的挑战加大，计算开销大增。总量上升，质量下降，这是大数据带来的重大挑战。

其次，巧妇难为无米之炊，大数据的关键还是在于谁先拥有数据。多盟创始人兼首席运营官（Chief Operating Officer，COO）张鹤表示，智能手机是根据用户营销而不是根据媒体营销的。移动互联网提供了新的数据来源，数据分析能够针对每一位用户的手机信息做精准匹配，但目前大数据时代还没有真正来临。多盟虽然每天可覆盖1 800万用户，但对用户行为的描述，还需要更大的数据量。

从市场角度来看，大数据还面临其他因素的挑战。架势无线首席执行官叶忻直言，大数据很有前景，但是市场中人们对数据的议论声太多，导致数据价值大大降低。以无线营销为例，大量的刷量以及水军好评差评等数据已经严重干扰了数据的准确性，这实际上大大降低了数据的价值。

二、投资热点

大数据是继云计算、物联网之后IT产业又一次颠覆性的技术变革。云计算主要为数据资产提供了保管、访问的场所和渠道，而数据才是真正有价值的资产。企业内部的经营交易信息、物联网世界中的商品物流信息，互联网世界中的人与人交互信息和位置信息等的数量将远远超越现有企业IT架构和基础设施的承载能力，实时性要求也将大大超越现有的计算能力。如何盘活这些数据资产，使其为国家治理、企业决策乃至个人生活服务，是大数据的核心议题，也是云计算内在的灵魂和必然的升级方向。

大数据时代网民和消费者的界限正在消弭，企业的疆界变得模糊，数据成为核心的资产，并将深刻影响企业的业务模式，甚至重构其文化和组织。因此，大数据对国家治理模式、对企业的决策及组织和业务流程、对个人生活方式都将产生巨大的影响。如果不能利用大数据更加贴近消费者、深刻理解需求、高效分析信息并做出预判，所有传统的产品公司都只能沦为新型用户平台级公司的附庸，其衰落不是管理所能扭转的。

因此，大数据时代将引发新一轮信息化投资和建设的热潮。据国际数据公司（International Data Corporation，IDC）预测，到2020年全球将总共拥有35 ZB的数据量，而麦肯锡则预测未来大数据产品在三大行业的应用就将产生7 000亿美元的潜在市场，未来中国大数据产品的潜在市场规模有望达到1.57万亿元，给IT行业开拓了一个新的黄金时代。数据处理技术和设备提供商、IT系统咨询和ERP/CRM/BI改造服务商、智能化和人机交互应用以及信息安全提供商将获巨大需求，相应公司将获得机会。

当前我们还处在大数据时代的前夜，预计今明两年将是大数据市场的培育期，2014年以后大数据产品将会形成业绩。由于国际巨头在硬件层和基础软件层的垄断优势明显，本土企业将主要依靠对客户需求的了解和客户资源优势，以及本地化服务的优势，在应用软件层分得蛋糕，拥有大数据处理、挖掘技术、数据分析人才以及数据资产的公司被看好。

三、开创新世界

大数据正在以不可阻挡的磅礴气势，与当代同样具有革命意义的最新科技进步（如纳米技术、生物工程、全球化等）一起，揭开人类新世纪的序幕。可以简单地说，以往人类社会基本处于蒙昧状态中的不发展阶段，即自然发展阶段。现在，这一不发展阶段随着2012年的所谓"世界末日"之说而永远成为过去。大数据宣告了21世纪是人类自主发展的时代，是不以所谓"上帝"的意志为转移的时代，是"上帝"失业的时代。

对于地球上每一个普通居民而言，大数据有什么应用价值呢？只要看看周围正在变化的一切，就可以知道，大数据对每个人的重要性不亚于人类初期对火的使用。大数据让人类对一切事物的认识回归本源；大数据通过影响经济生活、政治博弈、社会管理、文化教育科研、医疗保健休闲等，与每个人产生密切的联系。

大数据技术离你我都并不遥远，它已经来到我们身边，渗透我们每个人的日常生活消费中，它提供了光怪陆离的全媒体，难以琢磨的云计算，无法抵御的仿真环境。大数据依赖无处不在的传感器，如手机，甚至是能够收集司机身体数据的汽车，或是能够监控老人下床和行走速度与压力的"魔毯"（由GE与英特尔联合开发），洞察了一切。通过大数据技术，人们能够在医院之外得悉自己的健康情况；而通过收集普通家庭的能耗数据，大数据技术给出人们切实可用的节能提醒；通过对城市交通的数据收集处理，大数据技术能够实现城市交通的优化。

随着科学技术的发展，人类必将实现数千年的机器人梦想。早在古希腊、古罗马的神话中就有冶炼之神用黄金制造机械仆人的故事。《论衡》中也记载有鲁班曾为其母巧工制作一台木马车，"机关具备，一驱不还"。而到现代，人类对于机器人的向往，从机器人频繁出现在科幻小说和电影中已不难看出。例如，在电影《我，机器人》中有这样的描绘场景：公元2035年，智能机器人已被人类广泛利用，送快递、遛狗、打扫卫生……事实上，今天人们已经享受到了部分家用智能机器人给生活带来的便利。例如，智能吸尘器以及广泛应用于汽车工业领域的机器手等。有意思的是，2010年松下公司专门为老年人开发了"洗发机器人"，它可以自动完成从涂抹洗发水、按摩到用清水洗净头发的全过程。未来的智能机器人不会是电影《变形金刚》中的庞然大物，而会是变得越来越小。目前，科学家研发出的智能微型计算机只和雪花一样大，却能够执行复杂的计算任务，将来可以把这些微型计算机安装在任何物件上用以监测环境和发号施令。随着大数据时代的到来和技术的发展，科技最终会将我们带进神奇的智能机器人时代。

在大数据时代，人脑信息转换为计算机信息成为可能。科学家们通过各种途径模拟人脑，试图解密人脑活动，最终用计算机代替人脑发出指令。正如今天人们可以从计算机上下载所需的知识和技能一样，将来也可以实现人脑中的信息直接转换为计算机中的图片和文字，用计算机施展读心术。2011年，美国军方启动了"读心头盔"计划，凭借"读心头盔"，士兵无须语言和手势就可以互相"阅读"彼此的脑部活动，在战场上依靠"心灵感应"，用意念与战友互通讯息。目前，"读心头盔"已经能正确"解读"45%的命令。随着这项"读心术"的发展，人们不仅可以用意念写微博、打电话，甚至连梦中所见都可以转化为计算机图像。美国《纽约时报》报道，奥巴马政府将绘制完整的人脑活动地图，全面解开人类大脑如何思考、如何储存和检索记忆等思维密码，并将其作为美国科技发展的重点，美国科学家已经成功绘制出鼠脑的三维图谱。2012年，美国IBM计算机专家用运算速度最快的96台计算机，制造了世界上第一个"人造大脑"，计算机精确模拟大脑不再是痴人说梦。试想一下，如果人类大脑实现了数据模拟，或许我们的下一个老板是机器人也不一定。

总而言之，大数据技术的发展有可能解开宇宙起源的奥秘。因为，计算机技术将一切信息无论是有与无、正与负，都归结为0与1，原来一切存在都在于数的排列组合，在于大数据。

1.1.5 大数据带来的生活改变及其未来预测

一、生活改变

2013年底，在这占地仅仅1.6万平方千米的北京，常住人口2 114.8万人，其中，常住外来人口802.7万人，占比38%。在人口分布上，朝阳区和海淀区常住人口最多，均在300万人以上；门头沟区人最少，只有30.3万人。

在与日俱增的人口压力下，人们的衣、食、住、行，让这座城市慢慢变得厚重起来。

微软亚洲研究院主管研究员郑宇博士在做客"2014地理信息开发者大会"时提到，在城市中，从社交媒体到道路结构，再到气象条件，产生了各种各样的大数据，如果使用得当可以利用这些数据发现这个城市的问题，并且自动解决这些问题。基于这样的愿景微软提出了城市计算的框槛，包括城市感知、城市服务提供和数据挖掘，形成一个环路不断的、自动的改进城市。简单来说就是用大数据解决大城市大挑战。最后做到人、城市运转效率和自然环境三赢的系统。

（一）关于人们的"衣""食"

人们的生活以及消费方式已经发生了惊天动地的转变。不光是北京，自淘宝创立以来，大众的消费方式越发多元化，O2O、B2B等方式越来越丰富人们的日常生活。

大数据以及地图的基础应用，已经对人们的生活产生了很大的影响。现今类似的网站应用有很多都与数据以及地理信息相关，作为其代表之一，大众点评正是数据与地理信息相互结合的优质结晶。

（二）关于人们的"住"

对于住来说，有几个决定因素：区位、人口、环境。人口数据对于城市的商业数据来说是至关重要的。

根据国家统计局2010年人口普查数据，并结合遥感、地理信息等数十种背景信息数据，通过定量空间模型制作而成的超精细（160米左右）格网化人口分布数据，涵盖全国328个城市（包括其所辖的所有县、县级市、区和街道）格网总数约3亿个，数据项包括总人口数、不同性别人口数、儿童人口数、成人人口数、老年人人口数、网格的经纬度等数据项。

（三）关于人们的"行"

对于人们的出行来说，出行已组成了大数据，同时大数据可以实时反应交通状况，因此大数据与交通的辩证关系一直为社会所重视；近年来交通所带来的能耗问题被逐渐重视起来，这不光是对个人资金的节省，更是对自己所在这个环境的一种责任。

郑宇认为，通过导航软件所用的传感器来感知每个路段的流量和速度，利用环境学经典公式即可算出该汽车的排放量，具体做法是，利用已有GPS数据算出有限道路上的速度，按照单位时间通过车的流量的速度，最终得出某一行车路段的污染指数。可以算出这个城市里每一个区域、每一个时间、每一种污染物的成分和比例。

（四）大数据情怀

大数据北京，我们可以看到几个焦点，文化底蕴，科技创新，还有为了梦想前进的现代化人们。有个词叫物是人非，时代变了，主角变了，但是古迹还在，我们正在创造历史，书写历史，这亦是一个城市的延续。故宫的历史对于现如今的我们来说已经永远沉睡在北京的正中央，对于故宫我们只是过客，对于历史，我们也是一个过客。

二、未来预测

（一）物联网将成为主流

如今市场上已经出现了大量可穿戴设备和可带来数据功能的设备。有些设备设计得非常棒，有些设备虽然风靡一时，但是缺乏实际应用。随着需要24小时随时在线的人员数量持续增长，2015年是这类设备和早期部署者市场爆发的一年。我们可能很快就会在大街上看到戴着智能眼镜的人。

（二）机器将在重大决策中发挥更大作用

尽管做出决策的主体还是人，但是目前大数据已经在决策过程中发挥着指导作用。随着机器学习的不断发展，能够分析海量数据的机器将会做出比人类更为精准，更为可靠的决策。在不久的将来这将成为现实。

（三）文本分析将被更为广泛使用

如今，我们所存储用于分析的大部分数据已经逐渐变成了非结构型数据。在过去几年里，文本分析已经变得越来越复杂，这一趋势还将会继续发展下去。计算机将能够更为熟练地"阅读"一篇文章（或是将声音转化为文字），并能够理解文章的主题和情感。这意味着这些文章能够像结构型数据那样被分类和分析。

（四）数据可视化工具将统治市场

市场已经出现了让数据实现可视化的专业软件，它们可以让我们更容易地发现其中的规律，找到因果联系。这些软件将变得越来越复杂并被广泛使用。这类软件市场的增长速度将是其他商务智能软件产品市场增长速度的2.5倍。

（五）公众将会对隐私产生巨大恐慌

像苹果、索尼等用户在近年来所遭遇的漏洞一样，重大安全漏洞一直以来并没有影响大众在社交媒体和网络中分享隐私生活细节的行为。实际上，从未有过如此多的人认为，向公司提供个人信息只是享受新技术的便利所付出的小代价。我们能不能承受"完全风暴"，如今，黑客已经能够威胁到最安全的系统，而政府和执行部门防止数据泄漏，将不法之徒绳之以法的进程却非常缓慢。灾难性的黑客攻击或信息泄漏可能将会足以改变人们的态度，让人们恢复保护个人数据的意识。

（六）公司和机构将竞相寻找数据人才

直接涉足大数据分析的岗位的从业人员明年可能会达到440万人，但是这一数量还不够。市场观察显示，到2015年，70%的美国公司将会执行适当的数据策略，或是为不远的将来制定相关数据策略。虽然设置与大数据分析有关课程的大学数量正在持续增加，但是具备未来所需技能的员工数量还是在持续短缺状态。

（七）大数据将提供解开宇宙中众多谜团的钥匙

大型强子对撞机目前正在升级改造中，预计在第二年年初将重新投入使用。在该设备中，每秒高速质子碰撞将发生6亿次，诸如此类信息被由分散在36个国家中的170个计算设施所组成的网络进行分析，是迄今为止最大的科研性大数据实验项目。目前已经成功找到了与希格斯玻色子理论相匹配的粒子。许多人认为，这一发现意味着在理解宇宙的起源和运转之谜方面，我们正在朝着正确的方向前进。升级后的大型强子对撞机的性能是升级前的两倍，在重新投入使用后，谁又知道我们又将会发现什么呢？

1.2　云计算与大数据

1.2.1　云计算的概念

云计算是基于互联网的相关服务的增加、使用和交付模式，通常涉及通过互联网来提供动态易扩展且经常是虚拟化的资源。云是网络、互联网的一种比喻说法。过去在图中往往用云来表示电信网，后来也用于表示互联网和底层基础设施的抽象。因此，云计算甚至可以让人们体验每秒10万亿次的运算能力，拥有这么强大的计算能力可以模拟核爆炸、预测气候变化和市场发展趋势。用户通过计算机、笔记本、手机等方式接入数据中心，按自己的需求进行运算。

对云计算的定义有多种说法。对于到底什么是云计算，至少可以找到

100种解释。现阶段广为接受的是美国国家标准与技术研究院的定义：云计算是一种按使用量付费的模式，这种模式提供可用的、便捷的、按需的网络访问，进入可配置的计算资源（资源包括网络、服务器、存储、应用软件、服务）共享池，这些资源能够被快速提供，只需投入很少的管理工作，或与服务供应商进行很少的交互。

一、背景简介

云计算是继20世纪80年代大型计算机到客户端服务器的大转变之后的又一种巨变。

云计算是分布式计算（Distributed Computing）、并行计算（Parallel Computing）、效用计算（Utility Computing）、网络存储（Network Storage Technologies）、虚拟化（Virtualization）、负载均衡（Load Balance）、热备份冗余（High Available）等传统计算机和网络技术发展融合的产物。

二、发展简史

1983年，太阳电脑提出"网络是计算机"（The Network is the Computer）的说法，2006年3月，亚马逊（Amazon）推出弹性计算云（Elastic Compute Cloud，EC2）服务。

2006年8月9日，谷歌首席执行官埃里克·施密特（Eric Schmidt）在搜索引擎大会（SES San Jose 2006）上首次提出云计算的概念。谷歌"云端计算"源于谷歌工程师克里斯托弗·比希利亚所做的"谷歌101"项目。

2007年10月，谷歌与IBM开始在美国大学，包括卡内基·梅隆大学、麻省理工学院、斯坦福大学、加州大学伯克利分校及马里兰大学等，推广云计算的计划，这项计划希望能降低分布式计算技术在学术研究方面的成本，并为这些大学提供相关的软硬件设备及技术支持（包括数百台个人计算机及BladeCenter与System x服务器，这些计算平台将提供1 600个处理器，支持包括Linux、Xen、Hadoop等开放源代码平台）。而学生则可以通过网络开发各项以大规模计算为基础的研究计划。

2008年1月30日，谷歌宣布在台湾启动"云计算学术计划"，将与台湾大学、台湾交通大学等学校合作，将这种先进的大规模、快速云计算技术推广到校园。

2008年2月1日，IBM宣布将以中国无锡太湖新城科教产业园为中国的软件公司建立全球第一个云计算中心。

2008年7月29日，雅虎、惠普和英特尔宣布一项涵盖美国、德国和新加坡的联合研究计划，推出云计算研究测试床，推进云计算。该计划要与合作伙伴创建6个数据中心作为研究试验平台，每个数据中心配置1 400～4 000个处理器。这些合作伙伴包括新加坡资讯通信发展管理局、德国卡尔斯鲁厄大学Steinbuch计算中心、美国伊利诺伊大学香宾分校、英特尔研究院和惠普实验室。

2008年8月3日，美国专利商标局网站信息显示，戴尔正在申请云计算商标，此举旨在加强对这一未来可能重塑技术架构的术语的控制权。

2010年3月5日，诺威尔（Novell）与云安全联盟（Cloud Security Alliance，CSA）共同宣布一项供应商中立计划，名为"可信任云计算计划"（Trusted Cloud Initiative）。

2010年7月，美国国家航空航天局和包括Rackspace、AMD、英特尔、戴尔等支持厂商共同宣布OpenStack开放源代码计划，微软在2010年10月表示支持OpenStack与Windows Server 2008 R2的集成；而Ubuntu已把OpenStack加至11.04版本中。

2011年2月，思科系统正式加入OpenStack，重点研制OpenStack的网络服务。

三、云计算的应用

XenSystem以及在国外已经非常成熟的英特尔和IBM，各种"云计算"的应用服务范围正日渐扩大，影响力也无可估量。

由于云计算应用的不断深入，以及对大数据处理需求的不断扩大，用户对性能强大、可用性高的4路和8路服务器需求出现明显提速，这一细分产品同比增速超过200%。

IBM在这一领域占有相当的优势，更值得关注的是，浪潮仅以天梭TS850一款产品在2011年实现了超过15%的市场占有率，以不到1%的差距排名IBM、惠普之后，成为中国高端服务器三强。

2012年浪潮斥资近十亿元研发的32路高端容错服务器天梭K1系统尚未面世，其巨大的市场潜力有待挖掘。

云计算常与网格计算、效用计算、自主计算相混淆。

网格计算：分布式计算的一种，由一群松散耦合的计算机组成的一个超级虚拟计算机，常用于执行一些大型任务。

效用计算：IT资源的一种打包和计费方式，如按照计算、存储分别计量费用，像传统的电力等公共设施一样。

自主计算：具有自我管理功能的计算机系统。

事实上，许多云计算部署依赖于计算机集群（但与网格的组成、体系结构、目的、工作方式大相径庭），也吸收了自主计算和效用计算的特点。

1.2.2 云计算的特征及影响范围

一、基本特点

云计算是通过使计算分布在大量的分布式计算机上，而非本地计算机或远程服务器中，企业数据中心的运行将与互联网更相似。这使得企业能够将资源切换到需要的应用上，根据需求访问计算机和存储系统。

好比是从古老的单台发电机模式转向电厂集中供电的模式。它意味着计算能力也可以作为一种商品进行流通，就像煤气、水电一样，取用方便，费用低廉。最大的不同在于，它是通过互联网进行传输的。被普遍接受的云计算特点如下：

（1）超大规模

"云"具有相当的规模，谷歌云计算已经拥有100多万台服务器，亚马逊、IBM、微软、雅虎等的"云"均拥有几十万台服务器。企业私有云一般拥有数百上千台服务器。"云"能赋予用户前所未有的计算能力。

（2）虚拟化

云计算支持用户在任意位置、使用各种终端获取应用服务。所请求的资源来自"云"而不是固定的有形的实体。应用在"云"中某处运行，但实际上用户无须了解，也不用担心应用运行的具体位置。只需要一台笔记本或者一个手机，就可以通过网络服务来实现我们需要的一切，甚至包括超级计算这样的任务。

（3）高可靠性

"云"使用了数据多副本容错、计算节点同构可互换等措施来保障服务的高可靠性，使用云计算比使用本地计算机可靠。

（4）通用性

云计算不针对特定的应用，在"云"的支撑下可以构造出千变万化的应用，同一个"云"可以同时支撑不同的应用运行。

（5）高可扩展性

"云"的规模可以动态伸缩，满足应用和用户规模增长的需要。

（6）按需服务

"云"是一个庞大的资源池，按需购买；"云"可以像自来水、电、煤气那样计费。

(7)极其廉价

由于"云"的特殊容错措施可以采用极其廉价的节点来构成,"云"的自动化集中式管理使大量企业无须负担日益高昂的数据中心管理成本,"云"的通用性使资源的利用率较之传统系统大幅提升,因此用户可以充分享受"云"的低成本优势,经常只要花费几百美元、几天时间就能完成以前需要数万美元、数月时间才能完成的任务。

云计算可以彻底改变人们未来的生活,但同时也要重视环境问题,这样才能真正为人类的进步做贡献,而不是简单的技术提升。

(8)潜在的危险性

云计算服务除了提供计算服务外,还必然提供存储服务。但是云计算服务当前垄断在私人机构(企业)手中,而他们仅仅能够提供商业信用。对于政府机构、商业机构(特别像银行这样持有敏感数据的商业机构)选择云计算服务应保持足够的警惕。一旦商业用户大规模使用私人机构提供的云计算服务,无论其技术优势有多强,都不可避免地让这些私人机构以"数据(信息)"的重要性挟制整个社会。对于信息社会而言,信息是至关重要的。另外,云计算中的数据对于数据所有者以外的其他用户云计算用户是保密的,但是对于提供云计算的商业机构而言确实毫无秘密可言。所有这些潜在的危险,是商业机构和政府机构选择云计算服务、特别是国外机构提供的云计算服务时,不得不考虑的一个重要前提。

二、影响范围

(一)软件开发

云计算环境下,软件技术、架构将发生显著变化。一是所开发的软件必须与云相适应,能够与虚拟化为核心的云平台有机结合,适应运算能力、存储能力的动态变化。二是要能够满足大量用户的使用,包括数据存储结构、处理能力。三是要互联网化,基于互联网提供软件的应用。四是安全性要求更高,可以抗攻击,并能保护私有信息。五是可工作于移动终端、手机、网络计算机等各种环境。

云计算环境下,软件开发的环境、工作模式也将发生变化。虽然,传统的软件工程理论不会发生根本性的变革,但基于云平台的开发工具、开发环境、开发平台将为敏捷开发、项目组内协同、异地开发等带来便利。软件开发项目组内可以利用云平台,实现在线开发,并通过云实现知识积累、软件复用。

云计算环境下，软件产品的最终表现形式更为丰富多样。在云平台上，软件可以是一种服务，也可以是一个互联网服务，也可能是可以在线下载的应用，如苹果的在线商店中的应用软件等。

（二）对软件测试

在云计算环境下，由于软件开发工作的变化，也必然对软件测试带来影响和变化。

软件技术、架构发生变化，要求软件测试的关注点也应做出相对应的调整。软件测试在关注传统的软件质量的同时，还应该关注云计算环境所提出的新的质量要求，如软件动态适应能力、大量用户支持能力、安全性、多平台兼容性等。

云计算环境下，软件开发工具、环境、工作模式发生了转变，也就要求软件测试的工具、环境、工作模式也应发生相应的转变。软件测试工具也应工作于云平台之上，测试工具的使用也应可通过云平台来进行，而不再是传统的本地方式；软件测试的环境也可移植到云平台上，通过云构建测试环境；软件测试也应该可以通过云实现协同、知识共享、测试复用。

软件产品表现形式的变化，要求软件测试可以对不同形式的产品进行测试，如互联网服务的测试，互联网应用的测试，移动智能终端内软件的测试等。

云计算的普及和应用，还有很长的道路，社会认可、人们习惯、技术能力，甚至是社会管理制度等都应做出相应的改变，方能使云计算真正普及。但无论怎样，基于互联网的应用将会逐渐渗透到每个人的生活中，对我们的服务、生活都会带来深远的影响。

1.2.3 云计算应用市场及产业链特点

一、应用市场

（一）云物联

物联网就是物物相连的互联网。这有两层意思：第一，物联网的核心和基础仍然是互联网，是在互联网基础上的延伸和扩展的网络；第二，其用户端延伸和扩展到了任何物品与物品之间，进行信息交换和通信。

物联网的两种业务模式如下：

① MAI（M2M Application Integration），内部 MaaS。

② MaaS（M2M As A Service），MMO，Multitenants（多租户模型）。

随着物联网业务量的增加，对数据存储和计算量的需求将带来对云计算能力的要求：

①云计算：在物联网的初级阶段，从计算中心到数据中心，PoP 即可满足需求。

②在物联网高级阶段，可能出现 MVNO/MMO 营运商（国外已存在多年），需要虚拟化云计算技术，SOA 等技术的结合实现了互联网的泛在服务。

（二）云安全

云安全（Cloud Security）是一个从云计算演变而来的新名词。云安全的策略构想是，使用者越多，每个使用者就越安全，因为如此庞大的用户群，足以覆盖互联网的每个角落，只要某个网站被挂马或某个新木马病毒出现，就会立刻被截获。

云安全通过网状的大量客户端对网络中软件行为的异常监测，获取互联网中木马、恶意程序的最新信息，推送到服务器端进行自动分析和处理，再把病毒的解决方案分发到每一个客户端。

1. 密码优先

如果我们讨论的是理想的情况，那么用户名和密码对于每一个服务或网站都应该是唯一的，而且要得到许可。理由很简单：如果用户名和密码都是同一组，那么当其中一个被盗了，其他的账户也同样暴露了。

2. 检查安全问题

在设置访问权限时，尽量避开那些瞥一眼就能看出答案的问题，如脸书（Facebook）头像。最好的方法是选择一个问题，而这个问题的答案却是通过另一个问题的答案。例如，如果选择的问题是"小时候住在哪里"，答案最好是"黄色"之类的。

3. 试用加密方法

无论这种方法是否可行，它都不失为一个好的想法。加密软件需要来自用户方面的努力，但它也有可能需要用户去抢夺代码凭证，因此没有人能够轻易获得它。

4. 管理密码

这里讲的是，用户可能有大量的密码和用户名需要跟踪照管。所以为了管理这些密码，用户需要有一个应用程序和软件在手边，它们将会帮助用户做这些工作。其中一个不错的选择是 LastPass。

5. 双重认证

在允许用户访问网站之前可能会有两种使用模式。因此除了用户名和密码之外，唯一验证码也是必不可少的。这一验证码可能是以短信的形式发送到手机上，然后进行登录。通过这种方法，即使其他人得到了用户凭证，但他们得不到唯一验证码，这样他们的登录就会遭到拒绝。

6. 不要犹豫，立刻备份

当涉及云中数据保护，人们被告知在物理硬盘上进行数据备份时，这听起来可能有些奇怪，但这确实是需要用户做的事。这就是为什么需要一遍一遍反复思考；应该直接在外部硬盘上备份数据，并随身携带。

7. 完成即删除

为什么有无限的数据存储选择时，我们还要找麻烦去做删除工作呢？原因在于，用户永远不知道有多少数据会变成潜在的危险。如果来自某家银行账户的邮件或警告信息时间太长，已经失去了价值，那么就删除它。

8. 注意登录的地点

有时我们从别人设备上登录的次数，要比从自己设备上多得多。当然，有时我们也会忘记他人的设备可能会保存下我们的信息，保存在浏览器中。

9. 使用反病毒、反间谍软件

尽管是云数据，但使用这一方法的原因在于用户第一次从系统中访问云。因此，如果系统存在风险，那么在线数据也将存在风险。一旦忘记加密，那么键盘监听就会获得云厂商密码，最终用户将失去所有信息。

10. 时刻都要管住自己的嘴巴

永远都不要把云存储内容与别人共享，保持密码的秘密性是必须的。为了附加的保护功能，不要告诉别人自己所使用的厂商或服务是什么。

（三）云存储

云存储是在云计算概念上延伸和发展出来的一个新概念，是指通过集群应用、网格技术或分布式文件系统等功能，将网络中大量各种不同类型的存储设备通过应用软件集合起来协同工作，共同对外提供数据存储和业务访问功能的一个系统。当云计算系统运算和处理的核心是大量数据的存储和管理时，云计算系统中就需要配置大量的存储设备，那么云计算系统就转变成一个云存储系统，所以云存储是一个以数据存储和管理为核心的云计算系统。

（四）云游戏

云游戏是以云计算为基础的游戏方式，在云游戏的运行模式下，所有游戏都在服务器端运行，并将渲染完毕后的游戏画面压缩后通过网络传送给用户。在客户端，用户的游戏设备不需要任何高端处理器和显卡，只需要基本的视频解压能力就可以了。就现今来说，云游戏还并没有成为家用机和掌机界的联网模式，因为至今 X360 仍然在使用 LIVE，PS 是 PS NETWORK，wii 是 Wi-Fi。但是几年或十几年后，云计算取代这些东西成为其网络发展的终极方向的可能性非常大。如果这种构想能够成为现实，那么主机厂商将变成网络运营商，他们不需要不断投入巨额的新主机研发费用，而只需要拿这笔钱中的很小一部分去升级自己的服务器就行了，但是达到的效果却是相差无几的。对于用户来说，他们可以省下购买主机的开支，但是得到的确是顶尖的游戏画面（当然对于视频输出方面的硬件必须过硬。）。可以想象一台掌机和一台家用机拥有同样的画面，家用机和我们今天用的机顶盒一样简单，甚至家用机可以取代电视的机顶盒而成为次时代的电视收看方式。

（五）云计算

从技术上看，大数据与云计算的关系就像一枚硬币的正反面，密不可分。大数据必然无法用单台的计算机进行处理，必须采用分布式计算架构。它的特色在于对海量数据的挖掘，但其必须依托云计算的分布式处理、分布式数据库、云存储和虚拟化技术。

二、云计算产业链特点

一项新技术的产生，特别是具有高社会市场价值的新技术的产生，在其不断融合市场已有的技术、产业、资源的发展过程中将逐渐形成一个具有自身特点的产业结构。而云计算产业链主要环节的业务模式体现在以下几个方面。

云应用服务提供商与云应用开发商进行技术合作和业务合作，主要的费用包括收入分成方式、应用开发费用以及应用升级、维护费用。

云计算服务提供商通过租用网络运营商的带宽，按资源的使用量及使用时间来收取用户的费用，使用时间可以是包月或者按照小时数等多种方式进行统计。终端供应商则根据与网络运营商的合作模式获取收入，如果是定制终端则由网络运营商提供分成，非定制终端则通过用户的购买行为产生收入。

云计算主要产业链环节的业务模式在云计算发展过程中不断丰富和优化。专业咨询人士认为，以这些云计算产业链主要环节为主的云计算产业链发展具有几个主要特征：政府全力推动，产业链发展日趋均衡，产业链价值维度及信息维度对接日渐成熟。

云计算产业的发展与各方政府的支持密不可分，各国在新的信息化浪潮下均希望布局云计算占据发展先机，因此从政策的制定和实施都给出了众多优惠以助力云计算的发展。政府在云计算产业链的构建和运作上起到了非常关键的作用。在政府的推动下，云计算产业链发展日趋均衡，产业链各个环节之间的价值交换及信息反馈日益增多，产业内价值流和信息流运行顺畅，产业价值链及信息链向成熟阶段迈进。

1.2.4 数据分析给电子商务带来更多机会

在大数据的背景下，电子商务的发展借助大数据高效率的数据采集处理分析能力，将电子商务的价值创造推向新的高峰。作为伴随企业经济发展与消费这一需求产生的一系列新型的消费形式，无论是在电商平台、移动终端或是各类社交软件、其他任何第三方平台，电子商务都有着大量的数据产生。如何利用好这些数据信息，为电子商务提供更多有效的信息，这是传统的数据处理方法解决不了的问题。不仅仅数据的信息量庞大、种类繁多，而且在数据的分析整理时又将面临新的困难。在电子商务领域，数据信息不仅包括图片视频等，更重要的还有客户的评价及反馈意见。高效地利用这些有效信息可以为电子商务发展提供正确的方向。电子商务相关领域可以根据数据内的客户信息、评论及反馈等，分析整理出消费者购物倾向，进而对产品的销售模式与销售方向进行调整，或从中整理出消费者需求并对产品的不足之处加以改进，以促进消费的增加。在大数据时代，以往被认为无用的数据垃圾，经由一定的处理分析与利用，往往会给企业带来意想不到的效益，为电子商务提供更加准确实时的消费信息及消费者需求，进而更准确地为企业制定出更适合的发展方向。

在大数据的时代背景下，电子商务的经营模式发生了很大的变化，由传统的管理化的运营模式变为以信息为主体的数据化运营模式，电子商务的管理与各类经济环节都变得数据化，并且贯穿在整个电子商务环节中，小到基础材料的采购，大到资产运行及订单的完成。电子商务通过对大数据专业分析技术的运用，能够对消费者的消费习惯及消费心理进行归纳分析与预测，从而对电商产品的市场调度供需程度进行一系列的建议指导，降低电商生产成本，提高效益。另外，在电商的经营中，大数据时代的到来可以使整个电商行业的信息资源共享变得方便快捷。电子商务的各环节有效地利用大数据的整合处理技术，在整个产品生产供应环节中实现了各种数据信息的及时共享，从而更好地吸引消费者，促进产品销售，实现了电子商务企业的产业结构转型优化与完善。以往被认为毫无利益价值的数据资料将是很受推崇的资源，电子商务模式下产生的数据资源不仅可以为自己所用，也可以为电子商务企业创造相应的商业利益。各电子商务企业利用数据信息，开发数据分析业务、提供数据可视化服务，以及数据资源共享等，扩展电子商务经营渠道，为企业增加效益。

1.2.5 网站分析与应用

如果有人问："网站分析主要是干什么的？投入成本来进行数据收集和数据分析又有何意义？"也许笔者第一反应的回答是："网站分析能帮助用户更好地优化网站和推广网站。"但仔细想想，这些问题确实没有被深入地思考过，也许我们日常中更多地去探究网站分析的方法和实现，而对于网站分析的根本意义却没有真正地去思考。所以，这里整理了一下个人看到的目前网站分析的一些应用及体现出来的价值，算是对上面问题的一个简单回答。

1. 监控网站的运营状态

网站分析最基本的应用就是监控网站的运营状态。收集网站日常产生的各类数据——点击流数据、运营数据、用户数据等，并通过统计这些数据生成各类网站分析的报表，对网站的运营状态进行系统的展现。从点击次数、浏览次数、用户数的变化趋势，到比较新老用户比率、页面流失率和目标的实现率，帮助运营者从多角度观察网站的状况是否良好。

如果没有网站分析的日常报表数据，无疑会让网站运营者感到恐慌，因为他们失去了对网站现状的感知，也许网站一天会有几千几万的访问量，也有可能只有个位数的用户访问了网站，这样网站的运营就像是闭门造车，没有了目标和方向。

当然，有些网站的数据不仅能监控自身网站的运营状况，而且还为互联网或某些领域的发展状态提供参考依据，谷歌的搜索趋势、百度的搜索风云榜是网络热点的风向标，当然我们现在可能会更多地去关注微博上的实时热点信息；淘宝的数据中心为电子商务的交易趋向提供依据。

2. 提升网站的推广效果

说到网站推广，也许用户最先想到的就是 SEO 和 SEM，但网站分析不仅能够提升网站在 SEO 和 SEM 上的表现，同时其对网站的精准营销也能起到有力的支持。

（1）SEO 和 SEM

SEO 和 SEM 是网站分析中很重要的一部分，因为它们是网站获取流量的重要途径，而流量又是网站的基础，所以我们必须清楚地把握网站在 SEO 和 SEM 方面的表现。

分析 SEO 主要是分析网站在各搜索引擎的相关关键词排名、搜索词的点击转化率及网站在搜索引擎的收录情况、外链数据、错误页面等，关于 SEO 网上的介绍很多，最关键的还是网站自身的内容质量及在 SEO 上的优化。

SEM 的效果很多是通过计算各关键词或者推广来源的投资收益（ROI）来衡量的，一般投入成本比较容易衡量，而产出收益的衡量就会相对困难，需要细分各来源和关键词，电子商务还有直接的利润可以衡量，如果只是信息发布引导线下交易，那么分析会困难得多，网上也有很多这方面的文章可以参考。

（2）精准营销

SEO 和 SEM 提高了网站的曝光率，让用户能够更容易地找到所需的网站，但有时我们也需要将网站定向地推送给某些用户，也就是网站推广中最常见的线上推广。这里主要包括用户细分、来源细分和目标市场的细分，通过用户行为分析进行的用户细分让我们能够了解网站主要吸引的是哪类用户，基于来源的搜索关键词和来源网站可以了解用户主要关心网站的哪些信息以及他们会通过哪些相关的途径找到我们，这为线上推广指明了方向。如果网站要发布一个产品或者做一个活动，也许这时候我们就会清楚地知道需要给哪些用户发直邮，在哪些网站上投放广告，推广的内容应该如何组织才能够吸引到更多的用户……

笔者的很多关于用户分析的文章介绍了如何更好地去发现网站的忠诚客户、有价值客户，以及用定量的方法去评价网站的用户，其实这些也为网站的精准营销提供了很好的参考依据。

（3）线下推广效果

除了线上推广外，很多网站也会定期进行线下的推广。线下的活动和推广往往会直接展示网站的 URL 地址，在数据的表现上以直达流量为主，所以评估线下推广效果的关键在于区分哪些流量来源于线下推广？其实网站分析的数据获取途径十分广泛，我们可以通过一些特殊的手段来做到这一点。

（4）优化网站的用户体验

通过对外推广，也许已经有很多用户开始进入并访问网站了，但用户是否会对网站感兴趣，或者是否能够持续访问变成网站的忠实用户，这些就取决于网站是否有留住用户的能力了，也就是网站是否具有足够好的用户体验，来实现用户的期望和满意度。

3. 简单有效的交互流程

无疑，那些简单易用的交互流程能够帮助用户更好地实现他们的操作和目标，而用户也会更喜欢使用那些设计得更加人性化的网站，能让他们随心所欲地穿梭其间。

我们通常会用转化率（Conversion Rate）和任务完成率（Task Completion Rate）来衡量网站交互的效果，而对于某些基于任务或者应用导向的网站，这方面的分析尤其重要。通过分析找出一些交互中的不足和遗漏环节或者化繁为简，能够有效提高转化率及用户完成任务的概率，从而有效提高网站的收益。

4. 帮助用户找到感兴趣的内容

笔者的博客中近期的几篇文章都介绍了如何让用户更好地找到需要的信息，其中包括优化信息架构、优化站内搜索等，这些无疑都能更好地留住用户，让他们继续浏览网站的内容或者继续使用网站提供的服务。

与其被动地让用户自己去寻找感兴趣的内容，不如主动地将一些用户可能感兴趣的内容推荐给用户，也就是现在很多网站都在做的基于用户行为分析的关联推荐功能，笔者之前的文章也介绍过网站数据分析在这方面的应用。

5. 倾听用户的心声

也许很多人对网站分析的概念还停留在网站的日常数据报表上，其实网站分析的范围远不止这些，用户问卷调研（Survey）、可用性测试（Lab Usability Testing）以及实景调研（Site Visits）都属于网站分析的范畴，Avinash Kaushik 把它们归为网站分析中的定性分析（Qualitative Analysis）。也许有人会说这些不是 UED 或者 UCD 的工作吗？是的，这些分析的目的都是提升用户体验，UED 是用户体验方面的专家，而网站分析师在数据的获取和分析方面更加专业，所以为什么不合作呢？网站分析师提供分析的方案和结果，再由用户体验小组完成优化方案的设计并实施，不要纠结于网站分析工作一定由哪个部门或团队来做，所有的工作都是为了提供更好的用户体验。

正是这些定性分析的方法能够让我们近距离地聆听用户的声音，对满足用户需求，更好地进行网站的内容设计、功能设计，甚至交互导航设计都能起到关键作用。

综上所述，如果网站就是为了流量而活，那么我们可以将上面网站分析的应用和意义归纳为：监控流量、吸引流量、保留流量，流量意味着用户，用户意味着网站的生命。

但也许现在我们应该考虑社会化媒体的影响了，不仅仅是 SEO 和 SEM。推特的关键词广告平台、移动设备——手机、iPad 的应用普及，今后的网站分析可以做得更多，对网站产生的价值也会越来越大。也许上面提到的只是网站分析的冰山一角，现在越来越多的人开始从事网站分析并喜欢上了这一职业，网站分析的发展日新月异，一定会有更多的新的应用让我们拭目以待。

1.3 物联网与大数据

1.3.1 物联网的基本信息及产生背景

物联网是新一代信息技术的重要组成部分，也是信息化时代的重要发展阶段。顾名思义，物联网就是物物相连的互联网。这有两层意思：其一，物联网的核心和基础仍然是互联网，是在互联网基础上延伸和扩展的网络；其二，其用户端延伸和扩展到了任何物品与物品之间，进行信息交换和通信，也就是物物相息。物联网通过智能感知、识别技术与普适计算等通信感知技术，广泛应用于网络的融合中，也因此被称为继计算机、互联网之后世界信息产业发展的第三次浪潮。物联网是互联网的应用拓展，与其说物联网是网络，不如说物联网是业务和应用。因此，应用创新是物联网发展的核心，以用户体验为核心的创新 2.0 是物联网发展的灵魂。

利用局部网络或互联网等通信技术把传感器、控制器、机器、人员和物等通过新的方式联在一起，形成人与物、物与物相联，实现信息化、远程管理控制和智能化的网络。物联网是互联网的延伸，它包括互联网及互联网上所有的资源，兼容互联网所有的应用，但物联网中所有的元素（所有的设备、资源及通信等）都是个性化和私有化的。

一、基本信息

按照国际电信联盟（International Telecommunication Union，ITU）的定义，物联网主要解决物品与物品（Thing to Thing，T2T）、人与物品（Human to Thing，H2T）、人与人（Human to Human，H2H）之间的互连。但是与传统互联网不同的是，人与物品是指人利用通用装置与物品之间的连接，从而使得物品连接更加简化，而人与人是指人之间不依赖于 PC 而进行的互连。因为互联网并没有考虑到对于任何物品连接的问题，故我们使用物联网来解决这个传统意义上的问题。

物联网顾名思义就是连接物品的网络，许多学者讨论物联网时，经常会引入一个 M2M 的概念，可以解释成为人到人（Man to Man）、人到机器（Man to Machine）、机器到机器（Machine to Machine）。但是，M2M 的所有的解释并不仅限于能够解释物联网，同样的，M2M 这个概念在互联网汇总方面也已经得到了很好的阐释，就连人与人之间的互动，也已经通过第三方平台或者网络电视完成。人到机器的交互一直是人体工程学和人机界面等领域研究的主要课题，但是机器与机器之间的交互已经由互联网提供了最为成功的方案。从本质上而言，在人与机器、机器与机器的交互上，大部分是为了实现人与人之间的信息交互，万维网（World Wide Web）技术成功的动因在于，通过搜索和链接，提供了人与人之间异步进行信息交互的快捷方式。

中国物联网校企联盟将物联网定义为当下几乎所有技术与计算机、互联网技术的结合，实现物体与物体之间、环境与状态信息实时的共享以及智能化的收集、传递、处理、执行。广义上说，当下涉及信息技术的应用，都可以纳入物联网的范畴。

物联网的概念已经是一个"中国制造"的概念，它的覆盖范围与时俱进，已经超越了1999年凯文·阿什顿（Kevin Ashton）教授和2005年国际电信联盟报告所指的范围，物联网已被贴上"中国式"标签。

截至2010年，国家发展和改革委员会、工业和信息化部等部委正在会同有关部门，在新一代信息技术方面开展研究，以形成支持新一代信息技术的一些新政策措施，从而推动我国经济的发展。

物联网作为一个新经济增长点的战略新兴产业，具有良好的市场效益，《2015—2020年中国物联网行业应用领域市场需求与投资预测分析报告》数据表明，2010年物联网在安防、交通、电力和物流领域的市场规模分别为600亿元、300亿元、280亿元和150亿元。2011年中国物联网产业市场规模达到2 600多亿元。

（一）基本内涵

物联网被视为互联网应用扩展，应用创新是物联网的发展的核心，以用户体验为核心的创新是物联网发展的灵魂。2005年，在突尼斯举行的信息社会世界峰会上，国际电信联盟发布了《ITU 互联网报告2005：物联网》，正式提出了物联网的概念。尽管上述场景令人难以置信，但随着物联网的发展，类似场景终将成为现实。物联网这一概念由阿什顿于1999年提出。阿什顿认为，计算机最终能够自主产生及收集数据，而无须人工干预，这将推动物联网的诞生。简单来说，物联网的理念在于物体之间的通信，以及相互之间的在线互动。这是一项很难想象的技术进步，但正逐渐展现在我们眼前。

物联网博欣将物联网定义为通过各种信息传感设备与技术，如传感器、射频识别（RFID）技术、全球定位系统、红外线感应器、激光扫描器、气体感应器等，实时采集任何需要监控、连接、互动的物体或过程，采集其声、光、热、电、力学、化学、生物、位置等各种需要的信息，与互联网结合形成的一个巨大网络。其目的是实现物与物、物与人，所有的物品与网络的连接，方便识别、管理和控制。

倪光南院士认为物联网是通过各种传感技术与设备（射频识别、传感器、GPS、摄像机、激光扫描器……）、各种通信手段（有线、无线、长距、短距……），将任何物体与互联网相连接，以实现远程监视、自动报警、控制、诊断和维护，进而实现管理、控制、营运一体化的一种网络。

（二）发展趋势

物联网将是下一个推动世界高速发展的"重要生产力"，是继通信网之后的另一个万亿级市场。

业内专家认为，物联网一方面可以提高经济效益，大大节约成本；另一方面可以为全球经济的复苏提供技术动力。美国、欧盟等都在投入巨资深入研究探索物联网。我国也正在高度关注、重视物联网的研究，工业和信息化部会同有关部门，在新一代信息技术方面正在开展研究，以形成支持新一代信息技术发展的政策措施。

此外，物联网普及以后，用于动物、植物和机器、物品的传感器与电子标签及配套的接口装置的数量将大大超过手机的数量。物联网的推广将会成为推进经济发展的又一个驱动器，为产业开拓了又一个潜力无穷的发展机会。按照对物联网的需求，需要按亿计的传感器和电子标签，这将大大推动信息技术元件的生产，同时增加大量的就业机会。

物联拥有业界最完整的专业物联产品系列，覆盖从传感器、控制器到云计算的各种应用。产品服务智能家居、交通物流、环境保护、公共安全、智能消防、工业监测、个人健康等各种领域，构建了"质量好，技术优，专业性强，成本低，满足客户需求"的综合优势，持续为客户提供有竞争力的产品和服务。物联网产业是当今世界经济和科技发展的战略制高点之一，据了解，2011年，全国物联网产业规模超过了2 500亿元，预计2015年将超过5 000亿元。

2014年2月18日，全国物联网工作电视电话会议在北京召开。中共中央政治局委员、国务院副总理马凯出席会议并讲话。他强调，要抢抓机遇，应对挑战，以更大决心、更有效措施，扎实推进物联网的有序健康发展，努力打造具有国际竞争力的物联网产业体系，为促进经济社会发展做出积极贡献。

马凯指出，物联网是新一代信息网络技术的高度集成和综合运用，是新一轮产业革命的重要方向和推动力量，对于培育新的经济增长点、推动产业结构转型升级、提升社会管理和公共服务的效率与水平具有重要意义。发展物联网必须遵循产业发展规律，正确处理好市场与政府、全局与局部、创新与合作、发展与安全的关系。要按照"需求牵引、重点跨越、支撑发展、引领未来"的原则，着力突破核心芯片、智能传感器等一批核心关键技术；着力在工业、农业、节能环保、商贸流通、能源交通、社会事业、城市管理、安全生产等领域，开展物联网应用示范和规模化应用；着力统筹推动物联网整个产业链协调发展，形成上下游联动、共同促进的良好格局；着力加强物联网安全保障技术、产品研发和法律法规制度建设，提升信息安全保障能力；着力建立健全多层次多类型的人才培养体系，加强物联网人才队伍建设。

（三）创新2.0模式

邬贺铨院士指出，物联网是互联网的应用拓展，与其说物联网是网络，不如说物联网是业务和应用。因此，应用创新是物联网发展的核心，以用户体验为核心的创新2.0是物联网发展的灵魂。物联网及移动泛在技术的发展，使得技术创新形态发生转变，以用户为中心、以社会实践为舞台、以人为本的创新2.0形态正在显现，实际生活场景下的用户体验也被称为创新2.0模式的精髓。

其中，政府是创新基础设施的重要引导者和推动者，如欧盟通过政府搭台、PPP公私合作伙伴关系构建创新基础设施来服务用户，激发市场及社会的活力。用户是创新2.0模式的关键，也是物联网发展的关键，而用户的参与需要强大的创新基础设施来支撑。物联网的发展不仅将推动创新基础设施的构建，也将受益于创新基础设施的全面支撑。作为创新2.0时代的重要产业发展战略，物联网的发展必须实现从"产学研"向"政产学研用"，再向"政用产学研"协同发展转变。

（四）特征鲜明

和传统的互联网相比，物联网有其鲜明的特征。

首先，它是各种感知技术的广泛应用。物联网上部署了海量的多种类型传感器，每个传感器都是一个信息源，不同类别的传感器所捕获的信息内容和信息格式不同。传感器获得的数据具有实时性，按一定的频率周期性采集环境信息，不断更新数据。

其次，它是一种建立在互联网上的泛在网络。物联网技术的重要基础和核心仍旧是互联网，通过各种有线和无线网络与互联网融合，将物体的信息实时地准确地传递出去。在物联网上传感器定时采集的信息需要通过网络传输，由于其数量极其庞大，形成了海量信息，在传输过程中，为了保障数据的正确性和及时性，必须适应各种异构网络和协议。

最后，物联网不仅仅提供了传感器的连接，其本身也具有智能处理的能力，能够对物体实施智能控制。物联网将传感器和智能处理相结合，利用云计算、模式识别等各种智能技术，扩充其应用领域。从传感器获得的海量信息中分析、加工和处理有意义的数据，以适应不同用户的不同需求，发现新的应用领域和应用模式。

（五）"物"的含义

这里的"物"要满足以下条件才能被纳入物联网的范围：①要有数据传输通路；②要有一定的存储功能；③要有CPU；④要有操作系统；⑤要有专门的应用程序；⑥遵循物联网的通信协议；⑦在世界网络中有可被识别的唯一编号。

（六）物联网原理

物联网是在计算机互联网的基础上，利用射频识别、无线数据通信等技术，构造一个覆盖世界上万事万物的物联网。在这个网络中，物品（商品）能够彼此进行"交流"，而无须人的干预。其实质是利用射频识别技术，通过计算机互联网实现物品（商品）的自动识别和信息的互联与共享。

而射频识别技术，正是能够让物品"开口说话"的一种技术。在物联网的构想中，射频识别标签中存储着规范而具有互用性的信息，通过无线数据通信网络把它们自动采集到中央信息系统，实现物品（商品）的识别，进而通过开放性的计算机网络实现信息交换和共享，实现对物品的"透明"管理。

（七）物联网的含义

以下从"两化融合"角度分析物联网的含义。

其一，工业化的基础是自动化，自动化发展了近百年，理论、实践都已经非常完善了。特别是随着现代大型工业生产自动化的不断兴起和过程控制要求的日益复杂应运而生的分布式控制系统，成为计算机技术、系统控制技术、网络通信技术和多媒体技术结合的产物。分布式控制系统的理念是分散控制，集中管理。虽然自动设备全部联网，并能在控制中心监控信息而通过操作员来集中管理。但操作员的水平决定了整个系统的优化程度。有经验的操作员可以使生产最优，而缺乏经验的操作员只是保证了生产的安全性。是否有办法做到分散控制，集中优化管理？这需要通过物联网根据所有监控信息，通过分析与优化技术，找到最优的控制方法。

其二，IT信息发展的前期，其信息服务对象主要是人，主要解决的是信息孤岛问题。当为人服务的信息孤岛问题解决后，就是要将物与人的信息打通。人获取了信息之后，可以根据信息判断做出决策，从而触发下一步操作；但由于人存在个体差异，对于同样的信息，不同的人做出的决策是不同的，如何从信息中获得最优的决策？另外，物获得了信息是不能做出决策的，如何让物在获得了信息之后具有决策能力？智能分析与优化技术是解决这一问题的一个手段，利用这一技术在获得信息后，依据历史经验以及理论模型，快速做出最优决策。数据的分析与优化技术在工业化和信息化方面都有旺盛的需求。

物联网智库认为，物联网的定义源于IBM的智慧地球方案，"十二五"规划中九大试点行业全部都是行业的智能化。无论是智慧方案，还是智能行业，智能的根本离不开数据分析与优化技术。数据的分析与优化是物联网的关键技术之一，也是未来物联网发挥价值的关键点。

（八）物联网本质

物联网是互联网的应用拓展，应用创新是物联网发展的核心，以用户体验为核心的创新2.0则是物联网发展的灵魂。物联网的本质概括起来主要体现在三个方面：一是互联网特征，即对需要联网的"物"一定要能够实现网络的互联互通；二是识别与通信特征，即纳入物联网的"物"一定要具备自动识别与物物通信的功能；三是智能化特征，即网络系统应具有自动化、自我反馈与智能控制的特点。

（九）物联网分类

①私有物联网：一般向单一机构内部提供服务。

②公有物联网：基于互联网向公众或大型用户群体提供服务。

③社区物联网：向一个关联的"社区"或机构群体（如一个城市政府下属的各委办局，如公安局、交通局、环保局、城管局等）提供服务。

④混合物联网：是上述两种或以上的物联网的组合，但后台有统一运维实体。

二、产生背景

物联网的实践最早可以追溯到1990年施乐公司的网络可乐贩售机（Networked Coke Machine）。

1999年，在美国召开的移动计算和网络国际会议上首先提出物联网概念；1999年麻省理工学院Auto-ID中心的阿什顿教授在研究射频识别技术时最早提出来，提出了结合物品编码、射频识别技术和互联网技术的解决方案。当时基于互联网、射频识别技术、EPC标准，在计算机互联网的基础上，利用射频识别、无线数据通信等技术，构造了一个实现全球物品信息实时共享的实物互联网"Internet of things"（简称"物联网"），这也是在2003年掀起第一轮华夏物联网热潮的基础上的。1999年，在美国召开的移动计算和网络国际会议上提出了"传感网络是下一个世纪人类面临的又一个发展机遇"。

2003年，美国《技术评论》提出传感网络技术将是未来改变人们生活的十大技术之首。

2005年11月17日，在突尼斯举行的信息社会世界峰会上，国际电信联盟发布《ITU互联网报告2005：物联网》，引用了物联网的概念。物联网的定义和范围已经发生了变化，覆盖范围有了较大的拓展，不再只是指基于射频识别技术的物联网。

2008年后，为了促进科技发展，寻找经济新的增长点，各国政府开始重视下一代的技术规划，于是将目光放在了物联网上。在中国，同年11月，在北京大学举行的第二届中国移动政务研讨会"知识社会与创新2.0"提出，移动技术、物联网技术的发展代表着新一代信息技术的形成，并带动了经济社会形态、创新形态的变革，推动了面向知识社会的以用户体验为核心的下一代创新（创新2.0）形态的形成，创新与发展更加关注用户、注重以人为本。而创新2.0形态的形成又进一步推动新一代信息技术的健康发展。

2009年1月9日，IBM全球副总裁麦特·王博士做了主题为《构建智慧的地球》的演讲。他提出把感应器嵌入和装备到家居、电网、铁路、桥梁、隧道、公路、建筑、供水系统、大坝、油气管道等各种物体中，并且被普遍连接，形成物联网，然后将物联网与现有的互联网整合起来，实现人类社会与物理系统的整合。

2009年1月28日，奥巴马就任美国总统后，与美国工商业领袖举行了一次"圆桌会议"，作为仅有的两名代表之一，IBM首席执行官彭明盛首次提出"智慧的地球"这一概念，建议新政府投资新一代的智慧型基础设施。当年，美国将新能源和物联网列为振兴经济的两大重点。

2009年2月24日，IBM论坛上，IBM大中华区首席执行官钱大群公布了名为"智慧的地球"的最新策略。此概念一经提出，便得到美国各界的高度关注，甚至有分析认为IBM公司的这一构想极有可能上升至美国的国家战略,并在世界范围内引起轰动。IBM认为,IT产业下一阶段的任务是把新一代IT技术充分运用在各行各业之中。在策略发布会上,IBM还提出,在基础建设的执行中,植入"智慧"的理念,不仅仅能够在短期内有力地刺激经济、促进就业,而且能够在短时间内为中国打造一个成熟的智慧基础设施平台。IBM希望"智慧的地球"策略能够掀起互联网浪潮之后的又一次科技产业革命。IBM前首席执行官郭士纳曾提出一个重要的观点:计算模式每隔15年发生一次变革。这一判断像摩尔定律一样准确,人们把它称为"十五年周期定律"。1965年前后发生的变革以大型机为标志,1980年前后以个人计算机的普及为标志,而1995年前后则发生了互联网革命。每一次这样的技术变革都引起企业间、产业间甚至国家间竞争格局的重大动荡和变化。而互联网革命一定程度上是由美国"信息高速公路"战略所催熟的。20世纪90年代,美国克林顿政府计划用20年时间,耗资2 000亿~4 000亿美元,建设美国国家信息基础结构,创造巨大的经济和社会效益。

而今天,"智慧的地球"战略被不少美国人认为与当年的"信息高速公路"有许多相似之处,同样被他们认为是振兴经济、确立竞争优势的关键战略。该战略能否掀起如当年互联网革命一样的科技和经济浪潮,不仅为美国所关注,更为世界所关注。

2009年8月,温家宝总理在视察中科院无锡物联网产业研究所时,对于物联网应用也提出了一些看法和要求。自温总理提出"感知中国"以来,物联网被正式列为国家五大新兴战略性产业之一,写入"政府工作报告",物联网在中国受到了全社会极大的关注,其受关注程度是在美国、欧盟及其他国家和地区不可比拟的。

物联网被"十二五"规划列为七大战略新兴产业之一,是引领中国经济华丽转身的主要力量,物联网在"十二五"期间产业规模将达到6 000亿元,研究机构预测十年内物联网将成为一个上万亿产业,规模比互联网大30倍。而智能家居将是物联网最重要的组成部分,也是最贴近民生的物联网项目,所以其将获得更多人的关注。

1.3.2 马云关于物联网与大数据关系的论述

2017年世界物联网博览会在无锡举办,阿里巴巴集团董事局主席马云受邀参会。马云对物联网、制造业及教育行业发表了看法。他指出,物联网的核心是连,更核心的是智能化,物联网和大数据的结合才是未来,没有智能的物联网就是植物人。

"绝大部分的人,是因为看见而相信,很少一部分人,因为相信而看见",

马云称，2009年，江苏和阿里巴巴共同对物联网、云计算进行了探索，如今看来，只有物联网和大数据相结合才是真正的未来。未来的机器将做到智能化，而机器与人类之间不太会竞争，"人是有智慧的，机器应该有智能。如果机器像人一样，麻烦会很多"。

马云以阿尔法围棋（AlphaGo）赛举例，他认为阿尔法围棋战胜人类，人类不应该沮丧，因为当初在设计阿尔法围棋时，就已经意识到了这一天的到来，"如果人类要沮丧，那么沮丧才刚刚开始"。

谈及未来制造业时，马云指出，在未来没有互联网的制造业，很快会崩溃；没有制造业的互联网，只是空中楼阁。大批制造业将在未来10～15年涌现出来，未来的制造业不存在"中国制造"，而是"互联网制造"。此外，未来制造业一定是个性化和定制化的。

马云称，今后人类的发展，必须要靠机器来协助，通过努力，人类活到120岁甚至150岁并非笑话，因为通过数据，未来人类将会更了解自己。现在人类已经从IT时代走进数据处理技术（Data Technology，DT）时代，IT是信息垄断，数据处理必须要求共享和普惠。

当今中国有百万家互联网公司，马云指出，这些公司中赚钱的并不多，赚大钱的不超过5家。目前依旧有很多优秀的传统企业，但是未来有些传统企业将会被淘汰，所以这些企业必须适时转型，适应未来。

除了对物联网及大数据的观点外，马云还对中国教育发表了看法。"未来我最担心的是教育变革"，马云认为，以前很多人在教育阶段"混混也可以"，但未来的教育"混不过去"，若依照现在的课程去教育孩子，这些孩子在未来都将找不到工作，"如果学数据分析的，将没有未来，因为这一切会被大数据取代"。所以，国家要高度注重30年后的产业，由此来调整大中小学校的课程，这样才能让下一代有就业的机会。

以下为演讲全文：

谢谢书记、省长，各位领导、各位专家。好像应该是18岁的第一天吧，我现在这个年龄，越往上说一声，心里就不踏实。

刚才听了很多领导、专家、学者以及企业家的分享，我坐在下面在想，大家讲的非常宏观、战略、具体的执行，我觉得还是受益匪浅。坐在那儿，也是心潮澎湃。

我想从我们做企业的角度来做一些分享，一些我们的思考，我自己觉得每个人是否会成功、是否会快乐，我们都需要用不同的眼光去看问题，你看问题的角度不一样、深度不一样、广度不一样，你可能就会做得机会多一点。

阿里巴巴这样过了18周年的周年庆，今天的阿里巴巴不是今天做成的，是18年以前的决定做成的。而18年以后的你、20年以后的你，不是20年以后决定的，而是今天的思考、今天的决定。

我前几天听一个人讲，我觉得他讲得非常有道理，前天的阿里巴巴周年庆，我分享给了我的所有同事。绝大部分的人是因为看见而相信，很少一部分人是因为相信而看见，所以你考虑问题的时候，我们这些人是相信未来，相信这些事情会发生，我们似乎感觉看见了，但是绝大部分人不是这个样子。

2009年开始，江苏就进行了物联网的探索，那时候可能大家并不清楚称之为物联网，主要叫作国家传感网。也是2009年，阿里巴巴启动了阿里云计算，其实我们那时候谁也说不出未来云计算到底是怎么一个样子，但是我们相信这是一个未来、这是一个趋势。

我们双方都坚持了8年时间，才有了今天。

江苏开始探索的时候，我相信大家只是觉得这是一个概念，阿里巴巴在探索云计算的时候，也认为是一个概念，其实今天的概念越来越多，大家说又是云计算，又是大数据，又是智能物流，又是IOT，各种各样的说法，我们最近这儿又在探讨物联网。所以各种各样的概念、说法，其实说明一个问题，人类正在往一个共同的方向去走。

其实我的理解，人工智能也好、物联网也好、大数据和大计算也好，这一切都在谈同样的事情。就像20世纪，有的人讲汽车很重要、有的人说造路很重要、有的人说石油很重要，其实大家都在做一个方向，这就是一个能源时代的到来。

而我们今天讨论的问题，其实归根结底，都显示着人类将真正开始进入数据时代。

浙江和江苏也很有意思，江苏走改革的路线，浙江走开放的路线，我认为浙江和江苏双剑合璧才是最有机会的。物联网和云计算大数据，合在一起才是真正的未来，物联网的本质，首先必须是一个智联网，没有智能的物联网，我们认为这就是一个植物人，它没有多大的意义。

其实电表早就把电都连起来了，但是没有智能电表，电表只能收收费而已，我们每个交通路口都有一个监控器，所有的监控器其实都是连起来的。但是如果没有把它智能化以后，这个监控器现在发挥最大的作用是用来罚款而已。

所以核心的不是物，核心的是连，更核心的是把这个连起来以后，能够把它变成智能化。智能化的目的，不是让机器像人一样，而是必须让机器像人一样去学习。所以我自己这么觉得，我们今天去考虑很多问题的时候，往往对未来过分的担心，说机器和人未来的竞争怎么样，我认为机器和人不太会竞争。

今天开始不去设计好未来这条路线,可能将来麻烦确实会很多,机器必须像机器一样,我们人是有智慧的,机器应该要有智能,动物是有本能的,每个东西必须走自己的独到之处,如果机器像人一样,我觉得麻烦也会很多,人像机器一样,麻烦也会很多。

20世纪,在工业时代,人越来越像机器,而未来的时代,机器会越来越像人,但是真正应该走的是机器更像机器,人更像人。我们在讲机器人,其实我自己这么觉得,人是要有很大的自信,人类在发展,很早就想飞行,总想自己能伸出翅膀来,但是后来发现人类的飞行是通过飞机,人很想跑得快,如果我们把汽车发明以后,汽车像人一样两条腿走路,汽车永远是走不开的。

这两年讨论最多的是阿尔法围棋,人下围棋,人被机器下围棋下败以后,人感到非常沮丧,如果你因为这些东西沮丧的话,我认为人的沮丧才刚刚开始,因为人肯定是下不过机器的,只要是程序化,只要是说得清楚的东西,机器一定比你聪明,人要比聪明,你就忘掉,机器一定比你聪明。

人类最早发明机器的时候,人就要清醒地认识,机器会比人力量更大,当发明火车、飞机的时候,人已经认输,机器一定比人跑得更快、跑得更远。出现电脑的时候,人类就应该有一个预知,聪明,你是搞不过计算机的,它比你记忆得更快,它从来不会忘记,它算得比你也快。从这一切来讲,人应该打消这个想法。

下围棋,围棋是为人类的快乐而创造出来的,如果你让人跟机器比下围棋,就像人跟汽车去跑,谁跑得快,毫无疑义。所以我觉得不要为此而沮丧,如果这是一种沮丧,你的沮丧,后面的事情会越来越多。

我觉得机器要做很多人类做不到的事情,那才是了不起的东西,机器做人做得到的东西,其实没什么大不了。我的字写得很难看,但是我自己觉得还是很有味道的。电脑的字很漂亮,但是不值几个钱。所以大家要这么去想,机器人做得再好,我还是喜欢人工做出一把椅子来,而不是机器给我做出一把椅子来。

另外,人类未来的大数据整个的发展,离不开三个主要的要素,就是互联网、大计算以及云数据。数据将成为最重要的生产资料,我们现在讲大数据讲得很多,大数据涵盖着两个关键,"大"不是"多"的意思,"大"是大计算的意思,大计算加云数据,这才是我们所认为的大数据。

首先数据将成为最重要的生产资料,如果说每一次技术的革命,第一次技术革命,煤是主要的生产资料、煤是主要的动能,第二次技术革命,是石油、电,这次技术革命,以创新驱动,数据将成为最重要的生产资料。

其次，生产力、云计算、计算能力将成为一种强大的生产力。

最后，互联网本身是一种生产关系，如果不把互联网当作一种生产关系去思考，我觉得麻烦也会越来越多，互联网它不是互联网公司的互联网，互联网是全社会的互联网。

所以我想我们公司在去年云栖大会里面提出五个"新"，新零售、新制造、新金融、新技术、新能源，这五个"新"有很多争论，你说到底这五个"新"有什么新，其实我们认为新零售是要重新定义零售，新制造必须重新定义制造，新金融必须重新定义金融。我们很多问题，要用新的思考，但是确实我们不是语言专家，所以我们也找不出一个核心的字，暂且称之为"新"而已。

现在大家感觉到整个零售行业的变革非常之快、非常之迅猛，我们提出新零售，其实不是今年，十几年以前，我们在做淘宝、天猫以及无数电子商务开始对零售行业进行冲击的时候，大家并不以为然，没有人会在网上购物、没有人会这么把它当回事，没有人觉得网上购物的乐趣远远超过线下购物的乐趣。

但是今天，10年以后，人们觉得这个事情还真来了，狼喊着喊着，还真来了。但是我想告诉大家，这只是刚刚开始。

现在我想跟大家讲，新零售以后，巨大的变革是新制造，而新制造来的速度会越来越快，大批的制造业，在未来的10年到15年，面临的痛苦远远超过今天的想象，甚至超过今天的超市、大量的商场所面临的问题。

新制造，实际上来讲，由于IOT的发展，由于物联网的发展，由于计算能力的发展、人工智能的发展，新制造将倒逼整个社会进行改革、进行推进。

其实企业将会在这场革命过程中，是最重要的推动力量，而企业必须学会革自己的命。大家都知道，一个国家大了，很多的政策，以前国家的发展，中国过去30年，政府成为经济发展强大的推动力。未来企业家精神、企业和技术将成为强大的推动力。技术将成为倒逼市场的力量，创新将成为市场的力量，而市场能力将成为社会进步的主要力量。

我在想，没有互联网的制造业是没有希望的，当然没有制造业的互联网更没有希望。没有互联网的制造业，我认为这些制造业很快就会崩溃掉，没有制造业的互联网，那我觉得也是空中楼阁。

制造业必须要学会拥抱互联网，未来已经不会存在着 Made In China、Made In USA，未来的制造业是 Made In Internet，未来的制造业全是在互联网上制造，而且未来的制造业，请大家记住，未来的制造业本质上是一个服务业，它不是一个纯制造业，制造业作为就业的趋势已经过去。

我们大家知道，美国特朗普讲的要 Made In America、buy America，特别希望制造业能够带动巨大的就业。我想我的观点是制造业在21世纪以后开始到未来，将不会成为就业的主要驱动力量，因为大批的制造业将会由机器所取代，而未来创造真正的就业，人类从过去的一两百年工业时代，将进入现代服务业时代，现代服务业才是真正的制造业，而服务业本身就是制造业。

我想告诉大家，无论是阿里巴巴也好、腾讯也好、脸书也好、亚马逊也好，我们是真正的现代服务制造业，我们背后强大的制造能力、设计能力，把服务当成产品的能力，这种制造能力是今天大家要去反思的，它不是网络上走来走去的一些程序，现在所有的程序、所有的互联网产品是一个真正的现代制造业，所以这个希望大家要去思考。

未来的制造业已经不是靠规模化，已经不是靠流水线，已经不是靠我们昨天想象的这种集装箱式的模式，未来的制造业一定是个性化、一定是定制化，未来的制造业，一定是C2B，而不是B2C。未来的计算算法专家一定不是在互联网公司内部工作，而是在车间里面写代码，所以这一切整个的变化，我想刚才很多专家已经讲到了这一切。总而言之一点，我们要让机器变成智能。

我在讲，我们所有的智慧城市也好、智慧大脑也好，无非要解决：

第一，社会经济发展。

第二，整个民生服务。

第三，社会治理。

离开这些生产资料，离开这些生产力，离开这些生产关系，我觉得这就是一句空话，因为你都不知道客户需要什么，谁是你的客户，谁是你的敌人。

以前办事跑断腿，现在都希望说办事只要跑一趟就够了，其实跑了很多趟，跑的是数据，跑的不是人。

以前我们要看病，要围着医生转，今后医生是围着病人转，我们今天讲的环保问题，如果环保不能够通过物联网、大数据和计算能力来处理，人的感知能力，根本不知道问题会出来，等你发现问题出来的时候，已经为时太晚了。

我今天来的时候讲，人工智能，我当然不太喜欢人工智能，我喜欢机器智能，人要有敬畏感，我们发明了机器，不一定要机器按照人的思考。人的大脑，我们对人脑的理解可能不到10%，我们要让机器去学习这10%，我认为有一点自大，我们甚至讲外星人，外星人不是像人一样的，如果你要像人一样去找外星人，你是找不到的。

我想告诉大家的是什么意思，动物的本能，我们这个人是有智慧的，动物是有本能的，机器是有智能的，但是由于人类的生活越来越快，我们逐渐、逐渐失去很多本能的东西。我小时候走个20千米，骑个自行车，走个20千米，走路走个八九千米很正常，现在一听说走过去5千米，心里就发虚。

地震的时候，动物有先知的感应，而人已经失去了这种能力，而计算、数据、机器将把人的这些能力重新恢复起来，这就是智能的能力，因为我们人过去的两百年，由于科技的发展，我们人的眼睛，对外部的世界越了解越多，我们去了月亮、我们去了火星，我们不断在往外面探索，但是人类对自我的了解越来越少，而了解自我不是看他，了解一个人不是看他说了什么，而是看他在无意识中做了什么事情，这才是我们所要了解的。

而云计算、大数据，能够把人所有的行为记录下来，让人更加懂得自己。我们讲知道自己要什么的人是聪明的人，知道自己不要什么的人是智慧的人，人类在未来必须学会，只有智慧才能对抗未来的机器。所以我在讲，今后我们整个人类社会的发展，在进入新的时代，我们必须让机器来协助人更多地了解自己。

过去我们在开拓外部的世界，未来的一两百年，我们在发掘人类的内心世界，这在生命科学方面将会有重大的突破。人活到120岁、150岁，并不是什么笑话，因为人将了解自己越来越多。

我们对于未来的未知远远大于已知，所以我想，刚才我在说，我们阿里巴巴不是今天做成的，是18年以前我们相信有这一天才会做成的。我们今天同样相信未来的世界会是这个样子，并且为之去努力。

今天能够定义清楚的东西都不是未来，这是我们的观点和看法，今天我们怎么想象未来，我认为都是幼稚的，尽管18年以前，我们知道互联网会发展，我们知道电子商务会发展，但是我们没有想象到电子商务、互联网18年以后会发展成这个样子，而运气又那么好，到了我们公司身上，我们再想象，也想象不到今天的样子。

人类100年以前发现电的时候，认为电就是用于电灯泡的，并没有想到今天还有电饭煲、空调机，今天我们对于数据的理解，我相信一百年以前，人类是想象不到的。我已经听见很多专家学者，有些政府部门讲数据垄断。今天的数据跟20年以后的数据相比，跟万物相连以后的数据相比，真是沧海一粟都不是。

所以我们今天要思考的是如何面对未来，我们要铺设一个方向，如何坚持，并且不断地去完善。我觉得今天的会议在江苏开是非常有必要，而且极具意义，甚至是里程碑的。

1995年我开始创业做互联网，1996年我在北京参加过一次互联网的讨论，在座大家可能没有一个人知道，一个房间里面，坐了十七八个人，在中国科学技术协会大楼，我们坐在一起，我也不知道怎么被他们叫去开了一次会。我那时候问他们，我们今天已经有互联网专家了？1996年，大家讨论互联网未来对人类的影响很大，我们应该采取什么样的措施来管理和控制好互联网。

我那时候就很纳闷，怎么1996年就有互联网专家了，结果那次会议，所有担心的问题，今天一点也没有发生，不该担心的问题，都出来了。

所以我自己这么觉得，大数据、云计算和物联网，今天我们讲畅想未来，我相信人类有这个智慧去解决这样的问题。我们今天这个国家在提倡创新，低层的创新是产品创新，中层的创新是技术创新，最高层的创新是体制创新。但是创新说说容易，而管理创新、治理创新的能力是非常之欠缺的。

所以我们在这儿探讨物联网的发展，如果企业是强大的生产力，企业是强大的推动力量，我感谢江苏省委省政府搭建这么一个平台，让大家来畅所欲言。但是另外，政府要建立良好的生产关系，去适应生产力的发展，这可能是我们今后最最需要的，去保障创新，用新的方法去治理创新，去管理创新，去引导创新，去保护创新。

我们要避免各种各样的红旗法案，一八三几年，英国出了一个机动车法案，那时候英国最早发明了汽车，但是汽车起来以后，反对的人无数，因为认为汽车将会取代很多马车夫的工作，马车夫在那时候是属于白领工人，是技术活。如果技术出来，很快就把马车夫的工作给干掉了。所以所有的马车夫上街游行抗议，就像今天说实体经济被互联网经济冲垮的道理一样，游行的结果，政府出了一个机动车法案，后来称之为红旗法案，就是要求每个车前面必须有一个人拿着红旗，车的速度不能超过每小时七英里，绝不允许超过马车的速度，超过马车的速度，立刻吊销牌照，使得30年以后，英国才取消了这样的红旗法案，这个红旗法案使得英国并没有抓住汽车，使德国和法国发展起来，美国抓住了汽车行业的发展机会，使自己成为一个车轮上的国家，随后带动了石油经济的起来。

今天我们严防红旗法案这样的东西，对未来的互联网、物联网以及各种各样未来政策，我们不要认为我们比别人强，没有人是未来的专家，我们都是昨天的专家，我们对未来只有探索，要相信自己，相信人类，相信我们的孩子们，他们是有办法去解决的。有时候制度过多，反而让我们不能前进，欧洲没有大的互联网公司，一个重要的原则，他们法律制度实在太多，担心的问题非常多，还没开始干，就问这个问题怎么解决，那个问题怎么解决，互联网还没起来，大家就在讨论隐私问题、安全问题，我相信我们有办法解决，我们解决不了，我们的孩子一定比我们解决得好，因为"80后""90后""00后"，他们就是比我们聪明。

我认为他们的责任和担当也绝不亚于我们，我们刚觉得手机出来的时候，这么小的屏幕怎么可以跟 PC 比，手机今天的力量，它的运算和计算能力超过了任何一台当年的 PC，今天我们的手机，那时候觉得这么小的字，这么小的图片，怎么可能跟电脑相比，电脑怎么可能跟电视机相比，一代超越一代。今天不是你看不了，是你眼睛花了，孩子眼睛并没有花。

我爷爷认为我父亲不如他，因为我爷爷听所有的东西是从报纸上看的，他认为报纸上说的都是对的，我父亲认为，他觉得收音机更重要，我们这一代认为电视机很重要，但是我们的孩子认为互联网最重要，因为他们并不相信别人说的，他们要参与，他们自己体验。所以我们相信，我们的孩子，我们的"80 后""90 后""00 后"的孩子们，他们生于互联网，呼吸于互联网，他们也有自己的担忧，他们也有自己的想法，相信他们能够找到这样的东西出来。

所以 IT 时代，我们人类已经从 IT 走向 DT，IT 是 Information Technology，DT 是 Data Technology，这不是字的区别，也不是技术的区别，而是思想观念的区别，IT 是让自己做得越来越强，IT 是信息垄断，我知道，你不知道，我就有利益，而 DT 必须学会共享，必须学会普惠，必须让别人强大起来，你才会强大起来。而整个世界的趋势就走向了普惠、共享和可持续。

从这方面来讲，我们今天也探讨了很多问题，关于跨界的思考，大家觉得跨界，现在是一个很新奇的事情，很令人吃惊的事情，我可以这么讲，20 年以后，不跨界是很新奇的事情，是很令人吃惊的事情。

像我们阿里巴巴，人家讲你们到处都在，我们去那儿，不是因为那儿有利润，我们去那个领域，不是因为我们贪婪，是因为数据必须打通，智慧必须连接，是因为文化必须沟通，互联网没有边界，如果互联网有边界，互联网仅仅是一个工具，互联网它是一场技术革命，就像电没有边界，不能说在塑料行业可以用电，钢铁行业不能用电。所以只要没有边界的思考，才是真正的未来，希望我们人类能够共同分享到互联网。

人与机器的竞争是可怕的，我再度强调，人要有自己的自信，人要明白机器一定不可能战胜人类，但是机器在未来的二三十年内所发展出来强大的力量，会对人类有巨大的冲击，人必须明白什么是我们可以做的，人过去 300 年来，人类认为自己无所不能，但是未来的机器将会把我们很多的无所不能的东西取代，我们会有失落感，但是我想告诉大家，我们人类一定会战胜机器。

另外，我想整个的物联网，整个的大计算，整个的大数据，成为我们整个社会的基础设施，成为生产资料，成为生产力和生产关系的时候，对社会的冲击之大,是远远超过我们的想象的,我们所有的人类要做好准备,未来30年,从新零售开始冲击,到新制造,新金融也是一样。但是冲击也好,它不是一帆风顺的,冲击的目的不是消灭谁,冲击的目的是倒逼市场改革。

所以我们讲转型升级,讲了这么多年,文件发的比莎士比亚全集还厚,但是我们得到的效果怎么样,并不显著,我们必须要有市场的力量,必须有技术的力量,必须市场上有像我们这样的鲶鱼去倒逼这个市场进步,这是互联网大公司的责任,也是我们的担当,不是因为它有钱,而是这是一种责任,更是一种担当。

也最后跟大家讲,一直认为今天很难,明天更难,但是未来是美好的,今天没有一家公司是快乐的,大家不要认为,千万不要以为互联网公司很好,我们传统实业不好。我想告诉大家,这么多中国互联网公司真正赚钱的没几家,赚大钱的,没有超过五家公司。但是实体经济里面,也有很好的企业,不是实体经济不好,是你的实体不太好,这个要清晰地认识到。

今天全世界好的实体企业还是有不少的,凡是不能适应世界未来,不能适应技术潮流,不能适应未来思考的企业,必须被淘汰,转型升级的目的,不是让大家平平坐,转型升级的目的,让好企业更好,让坏企业能够淘汰掉,这才是我们转型升级真正要发展的目的。

未来所有程序化的工作都会被取消掉,大量的就业,昨天最好的工作都会失去,我们现在讲了很多,大数据需要很多分析师,我告诉大家,大数据将消灭所有的分析师,没有一个分析师可以分析得了大数据,分析师只能分析信息,不可能分析数据。所以这个工作,今天我学数据分析工作,你以为可以找到未来,没有未来,我先告诉你。

所以我们未来的人应该更加活得像人,机器更加像机器,这是我们需要做的。由于机器取代了很多工作,那么我们人类说我们的工作呢,我想告诉你,也不用太担心,我觉得人类未来在20年内看得到,每一天只工作四个小时,每个礼拜,我们只工作三天,非常正常,而且你会很适应,你甚至认为我时间还不够。就像我们的祖先,我们的祖父们一天工作16个小时,在土地耕田耕地,他们觉得非常忙。现在我们一天工作8个小时,一周休息两天,我们觉得时间不够。

所以未来的世界,人类工作四个小时,你的人是在移动之中,原来你一辈子只去了30个城市,现在可能未来一辈子去300个城市,你永远在路上。所以全球化势不可挡,Mobile 不是只移动手机,而是数据的移动,人类的移动,将跨越一切。

所以这一点,希望大家不用太担心,所以制造业,我也想告诉大家,国家在发展的政策的过程中，一定要铭记制造业未必一定是成为就业的主要渠道，现代服务业，从制造走向现代服务业，而现代服务业纯不是买卖之间的关系、服务之间的关系，服务业如果没有强大的服务业制造，是不可能有未来的，制造业不学会服务，是不可能，所有的机器不是靠你卖出去就行了，而机器本身就是一台服务的机器，背后有强大的智慧、强大的数据、强大的计算能力，以及整个社会必须互联。

今天我们很多行业都会担心，但是我告诉大家，担心也没用，今天抓紧时间改变才是未来，今天真正来讲，我们这些人很幸运，我们面临着改变的过程，改得好，人类会越来越好，改得不好，我们的痛苦会很大，但是未来还是会很好。

第一次技术革命，造成力量的失衡，造成了第一次世界大战，第二次技术革命，再度造成世界大战，也是蛮有意思的，我本来没有想过，但是在国外讨论的时候，有很多老外挑战我，他说你们中国强大，成为世界第一大国，经济体成为第一大国，你们会不会入侵别人，你们会不会像美国一样成为世界警察。那时候我的讨论，我说我们整个中国的文化不一样，儒释道三家哲学思想，儒家讲究人改变自己的行为，来适应这个社会，道家讲人改变自己的行为，适应天地之规律，我们佛家思想，改变自己的行为，适应内心世界的发展。中华民族汉族在长江黄河流域生存，我们特能种粮食，所以我们粮食过多，我们最担心的不是去抢别人更多的粮食，而是把自己围起来，所以我们第一个思考，把长城建得好好的，我们善于守。

而北寒带、温带一带的游牧民族，永远缺乏粮食，进攻将成为最主要的一点，所以这个民族跟它的一方土地养育一方人，这个套路，确实不一样。所以基于这些思考，我们未来人类怎么学会 Team Work，怎么学会这里面的攻防之道、阴阳之道、盛和之道，我觉得这是我们今天要去思考的。

想到这一点，我说我最担心的行业，第三次世界大战，如果因为这次技术爆发，我们要思考的，不应该是人类自己之间的战争，人类第三次世界大战要爆发，应该是向生命科学进攻，消灭癌症、消灭艾滋病，人类应该消灭贫困，人类应该用技术去消灭环境污染的问题。

我昨天过来的时候，路过太湖，我觉得太湖以前的污染非常严重，今天有了很大的改善，但是还是需要改善，如果要治理污染，如果不是通过物联网、通过数据、通过计算发现这些污染问题，解决这些问题，靠人工，等你发现这些问题，已经太晚了。

所以我自己这么觉得，我们的第三次世界大战，应该人类共同向疾病、向贫困、向环境污染治理，向这些去走的时候，社会的技术，我们真正从知识走向了智慧，所以这是我希望跟大家去分享的。

那么未来我最担心的一个行业变革，就是教育，我们很幸运，我们这些人20年内混混也能混过去，但是我们的孩子们是混不过去的，如果我们今天依旧有今天这样的教学方法、方式和课程，去教育这些孩子，那么这些孩子30年以后将会找不到工作。

每次的变革，都必须是教育的变革，要走在前面，所以我觉得我们的国家，我们的社会，我们的世界，高度注重30年以后可能什么样的产业，由此来调整大学的课程、中学的课程和小学的课程，因为只有这样，我们这个社会才是平稳的，只有这样，我们的下一代有了机会，人类之间才不会发生很多的问题。

所以我觉得我们的孩子们的教育，也不应该按照原来的死记硬背，去记很多东西，因为这些活可能绝大部分，不是所有，很多将会被计算机取代。我们要做的工作，是让孩子做最好的自己，只有让他们成为最好的自己，有些人天生会读书，活活气死你，我是不太会读书，但是我也没有那么傻，但是有些人真会读书，好像上辈子读过书来的，有的人弹钢琴，3个小时就学会，我学三个月都没搞清楚音谱在那儿，每个人都是自己最好的一面。

你发现自己最好，了解自己，并且在这儿发展起来，我相信我们一定会有未来的机会。所以我希望我们的社会要去在看到今天机会的时候，也要看到挑战，但是这些挑战一定会过去，30年、50年内，我们应该找出更好的方法去解决这些挑战，而不是阻挡这些挑战，更不能用技术来形成贫困差距的工具，我们应该让技术成为整个社会普惠，整个社会共享，只有这样，人类才能绵延。

我想这是我想跟大家分享的，在这儿特别感谢，因为物联网，万物互联，它会真正把我们带入一个数据的时代，它真正让我们的计算能力、云的能力、人工智能，成为可能，离开了万物互联，再大的计算能力等于没有用，再强大的机器没有原材料都是空转，而所有这一切，万物互联，会超越我们的想象，请为此，所有人的努力，请为此，政府建立良好的保持创新的政策，鼓励创新，学会治理创新，我们今天很多部门治理创新，管理创新的能力，就像当年说我管了这个社区全是贫民房，全是木结构的房子，今天突然出现了一些摩天大楼，你不能用管理那些木结构房子的思考来管理摩天大楼，我们也必须进行改革，只有这样，社会才会更好，再次谢谢大家，有这个机会分享。

1.3.3 物联网在国外的研发应用现状和发展趋势

自1999年在美国召开的移动计算和网络国际会议首先提出物联网这一

概念之后，物联网的相关技术应用开始逐渐引起人们的关注，世界各国也纷纷掀起发展物联网的热潮。物联网已成为许多国家发展的战略。

2005年4月8日，在日内瓦举办的信息社会世界峰会上，国际电信联盟专门成立了泛在网络社会（U-biquitous Network Society）国际专家工作组，提供了一个在国际上讨论物联网的常设咨询机构。根据这个工作组的报告，近年来，越来越多的国家开始了基于物联网的发展计划和行动。

日本、韩国基于物联网的U社会战略、欧洲物联网行动计划以及美国智能电网、"智慧的地球"等计划纷纷出台，还有我国2009年时任国务院总理的温家宝在无锡考察时，提出"感知中国"的物联构想。

各国都把物联网建设提升到国家战略来抓，通过大力加强本国物联网建设，来占领这个后IP时代的制高点，从而推动和引领未来世界经济的发展。

目前，国外对物联网的研发、应用主要集中在美国、欧洲、日本、韩国等少数国家和地区，其最初的研发方向主要是条形码、射频识别等技术在商业零售、物流领域的应用。

随着射频识别技术、传感器技术、近程通信以及计算技术等的发展，近年来物联网的研发、应用开始拓展到环境监测、生物医疗、智能基础设施等领域如总部位于比利时的欧洲合作研发机构校际微电子中心（IMEC）利用GS-RFID技术已经开发出远程环境监测、先进工业监测等系统，近年来该机构利用在微电子及生物医药电子领域的领先技术，积极研发出具有可遥控、体积小、成本低等功能的微电子人体传感器、自动驾驶系统等技术。

思科已经开发出"智能互联建筑"解决方案，为位于硅谷的美国网域存储技术有限公司节约了15%的能耗；IBM提出了"智慧的地球"的概念，并已经开发出涵盖智能电力、智能医疗、智能交通、智能银行、智能城市等多项物联网应用方案；美国政府目前正在推动与墨西哥边境的"虚拟边境"建设，该项目依靠传感器网络技术，据报道仅其设备采购额就高达数百亿美元。

欧洲智能系统集成技术平台在《2020年物联网》（Internet of Things in 2020）报告中分析预测，未来物联网的发展将经历四个阶段：2010年之前射频识别被广泛应用于物流、零售和制药领域；2010—2015年物体互联；2015—2020年物体进入半智能化；2020年之后物体进入全智能化。

就目前而言，许多物联网相关技术仍在开发测试阶段，离不同系统之间融合、物与物之间的普遍链接的远期目标还存在一定的差距。

1.4 移动互联网与大数据

移动互联网，就是将移动通信和互联网二者结合起来，成为一体，是互联网的技术、平台、商业模式和应用与移动通信技术结合并实践的活动的总称。4G时代的开启以及移动终端设备的凸显必将为移动互联网的发展注入巨大的能量，2016年移动互联网产业在大数据的驱动下必将带来前所未有的飞跃。

截至2016年第一季度，中国移动互联网用户已经达到将近7亿，移动互联网在近几年呈井喷状发展，在10年以前，我们对于App还完全没有概念，而10年后的今天，每个人的手机都安装了几十甚至上百个App，用户对移动互联网的使用场景与需求也在不断地裂变和细分，用户对于移动产品的选择越来越多，当然也更挑剔。

1. 大数据在移动互联网的应用成功案例分析

案例一：近日腾讯旗下应用分发平台应用宝发布了新一期的"星App榜"5月月榜，映客直播、全民K歌、征途、快手、国务院、QQ浏览器、唯品会等10款App凭借在5月的创新与突破成为十大流行应用。在App的评选标准上，应用宝通过应用后台数据，以上线更新、近期下载、下载飙升、用户好评、评论活跃、社交分享六大维度来作为评判标准，对于App开发者和用户方面都进行了考量。

从大数据的层面而言，应用宝依托于整个腾讯帝国的，其中包括QQ、微信，可以说是掌握了80%的互联网用户大数据资源，对于用户画像具有天然的优势，能够测算出用户对各类App的需求，包括男女属性、地域以及年龄段分布等各种标签用户。从这些用户数据中又可以看到移动互联网各类应用App的转化、留存和活跃程度，为创业提供更准确的产品数据参考。

案例二："高德观景台"致力于为开放平台开发者提供基于位置数据的大数据分析服务。通过深度挖掘海量用户行为，协助开发者完成产品评估、定向运营推广等商业决策。移动互联网服务当前的一个显要趋势是希望为用户提供准确的信息推送，而位置信息则可以作为用户画像的重要依据。基于用户位置行为轨迹的大数据分析，能够实现结合用户位置、时间、特征以及所处场景等因素，从而实现"不那么讨厌"的推送机制。

案例三：而刚刚上线的新闻类应用"国务院App"在上线之初就刷爆了朋友圈以及各大应用平台，成为公众与政府互动交流的平台，满足了用户对政治关注的需求，有效拉近了中央政府与普通民众之间的关系。国家总理和普通民众的层级阻隔不再受限，大多数的民众将这个App当成了一个必备软件，就像我们的父辈在新闻联播和报纸上了解国家各项政策一样，我们现在是在一个移动App上了解和获取这些信息，不再受限于时间与地点，也从侧面说明了移动互联网行业的发展对经济、政治以及国家的上层建筑都产生了重要的影响，带动了政府体制的进步，政府也是需要拥有互联网思维，与时俱进。

用户需求个性化凸显，细分用户族群不断裂变，促使移动互联网行业进入精细化运营阶段，个性化精准定位的应用价值凸显，市场中将会出现众多针对特定用户标签的小而美的App。用户的数据分析能力将成为移动互联网的核心竞争力，用户标签将成为企业分析用户的基础资源。

从"WebWorld"到"MobileWorld"，从伸长脖子看显示屏到低下头来玩手机，互联网服务模式的转变在逐渐改变大众的生活方式。在我们谈移动互联网未来的趋势时，应该没有人会怀疑移动互联网将在不太长的时间内取代PC网络，而未来要做的就是加速这个更迭的过程，推进移动互联网为人类提供更为便利高效的服务。

2. 大数据下的移动互联网面临的机遇与挑战

移动互联网的大数据时代来临是必然的，任何行业都不能避免。它不止改变各行业的经营方式，就连人们的生活方式都发生了颠覆性的变革。大数据与移动互联网密不可分，面临大数据、个性化以及精准化服务，作为全球化产业链上的一环，移动互联网提升了大数据的质量，同时也丰富了大数据的类型。

从探码科技从事大数据多年积累经验分析，未来大数据不管是移动互联网应用，还是企业级的应用，如果服务方式没有发生颠覆性，那么这种创新可能根据美国哈佛教授所说的，可能是持续性、改良性的创新，真正有生产力的是颠覆式的创新。服务方式都颠覆了，这种创新使用信息处理技术才有真正的实际意义。

在这里我们也大胆预测一下，未来半年可能会有哪类的App受到用户青睐：

①直播+社交类产品：只要有好的创意和想法，娱乐的东西总会让用户乐此不疲，未来半年的热度应该不会消退。

②电商细分领域产品：如日本购、韩国购、欧洲购之类的产品，专注于某一个领域总会受到大家更多的关注。

③各类网络热门IP改编的游戏：现在IP越来越值钱，说明大家对它的关注越来越多。

④移动家居、智能穿戴的链接产品：由于受限于技术问题，这类产品的很多问题都没有彻底解决，线上线下还没有做到彻底的融合沟通，不过我相信，这一定是下个时代的风口，未来半年说不定哪家就憋着大招呢。

我相信不管移动互联网风口是什么，大数据是移动互联网的核心竞争力。

1.5 大数据应用

1.5.1 大数据让生活越来越智能

随着大数据应用越来越广泛，应用的行业也越来越多，我们每天都可以看到大数据的一些新奇的应用，从而帮助人们从中获取真正有用的价值。很多组织或者个人都会受到大数据分析的影响，但是大数据是如何帮助人们挖掘出有价值的信息的呢？下面介绍一些大数据的应用。

1. 大数据正在改善我们的生活

大数据不单单是应用于企业和政府，同样也适用于生活中的每个人。我们可以利用穿戴的装备（如智能手表或者智能手环）生成最新的数据，这让我们可以根据自己热量的消耗以及睡眠模式来安排各项活动。而且利用大数据分析也可以来寻找属于我们的情感，大多数时候交友网站就是大数据应用工具来帮助需要的人匹配合适的对象的。

2. 业务流程优化

大数据也更多地促进了业务流程的优化。我们可以通过利用社交媒体数据、网络搜索以及天气预报挖掘出有价值的数据，其中大数据应用最广泛的就是供应链以及配送路线的优化。在这两个方面，地理定位和无线电频率的识别追踪货物和送货车，利用实时交通路线数据制定更加优化的路线。人力资源业务也通过大数据的分析来进行改进，这其中就包括了人才招聘的优化。

3. 提高医疗水平

大数据分析应用的计算能力可以让我们能够在几分钟内就可以解码整个DNA，并且让我们制定出最新的治疗方案。同时可以更好地去理解和预测疾病。就好像人们戴上智能手表等可以产生数据一样，大数据同样可以帮助患者对于病情进行更好的了解。大数据技术目前已经在医院应用于监视早产婴儿和患病婴儿的情况，通过记录和分析婴儿的心跳，医生针对婴儿身体可能出现的不适症状做出预测，这样可以帮助医生更好地救助婴儿。

4. 为金融交易提供支持

大数据在金融行业主要用于金融交易。高频交易是大数据应用比较多的领域。其中大数据算法应用于交易决定。现在很多股权的交易都是利用大数据算法进行的，这些算法越来越多地考虑了社交媒体和网站新闻来决定在未来几秒内是买出还是卖出。

5. 改善我们的城市

大数据还被应用于改善我们日常生活的城市。例如，基于城市实时交通信息，利用社交网络和天气数据来优化最新的交通情况。目前很多城市都在进行大数据试点。

6. 改善安全执法现状

大数据现在已经广泛应用于安全执法的过程当中。想必大家都知道美国安全局利用大数据进行恐怖主义打击，而应用大数据技术还可以防御网络攻击，如警察应用大数据工具捕捉罪犯等。

7. 优化机器和设备性能

大数据分析还可以让机器和设备在应用上更加智能化与自主化。例如，大数据工具曾经就被谷歌公司利用研发谷歌自驾汽车。丰田的普瑞斯就配有相机、GPS以及传感器，在交通上能够促进安全驾驶。大数据工具还可以应用优化智能电话。

1.5.2 大数据在银行业的应用趋势

一、商业银行处于大数据时代变革之中

2012年3月，奥巴马政府公布了大数据研发计划，旨在提高和改进人们从海量与复杂的数据中获取知识的能力，这是时隔近20年美国政府宣布"信息高速公路"计划后的又一重大科技发展部署。1993年诞生的"信息高速公路"计划改变了全世界信息的生产和传输方式，推动了全球化的互联网的发展，掀起了世界性的互联网革命。

作为信息革命的第二个高潮，可以预见大数据即将对未来的世界产生重大影响。当前银行业服务及管理模式都发生了根本性的改变。统计显示，以ATM、网上银行、手机银行为代表的电子银行在我国当前已经成为主要交易渠道，电子银行对传统银行渠道的替代率超过了60%。接下来的大数据革命可能对银行的一些观念和经营模式再次加以颠覆，银行业应如何主动变革、变挑战为机遇是一个值得探讨和深刻思考的问题。

近年来大数据的概念被反复提及，一个主要原因是电子商务活动的全面兴起，无论是 B2B 还是 B2C，在线交易规模的迅速扩大带来了数据信息的爆发式增长。最引人关注的是，记录客户行为的大量非结构化数据开始影响到金融领域。作为社会信用的中心，商业银行始终占据着最关键的社会信息资源，然而非结构化数据的普及应用使得互联网企业不断冲击银行的核心地位。大数据的有效利用，帮助了互联网企业迅速拓展关系网络，其搭建的各类公共平台正试图成为社会关系的核心，可谓是银行业的巨大威胁。

1. 银行占据社会信息中心

商品经济的发展，要求信用在全社会进行放大，与之适应构造了这样一种社会关系：银行对其他行业企业单向提供信用，处在支配地位，成为信用社会的信用中心；企业为了获取更多信用主动向银行提供自己的信息，银行也自然成为社会经济信息收集的中心。这种关系形成的缘由是只有作为信息收集中心，银行才可能使用信息对信用进行社会性放大。这时以银行为中心，企业间信用和信息构成雪花及网状的混合结构，企业之间能够进行更大更广的信用连接，形成更复杂的社会关系。

2. 计算机应用强化银行竞争优势

信息的具体存储使用形式，是限制社会信用进行有效扩展的一个重要因素，计算机技术的普及应用极大地提升了银行收集和处理信息的能力。社会信用状况处于不断变化之中，因此也需要对持续变化的信息进行判断。计算机技术发展的初期，银行的标准化需求是直接推动力之一。这种标准化一方面是指将单据等信息进行数字化、标准化，另一方面是指将企业的经营活动用标准化指标表示，银行是这种规则的构建者，企业只能屈从建立所谓规范化的制度。一个典型的例子是，由于反映了关系网络，关系型数据库成为信息行业的重要产品和标准。

计算机技术使得银行强化了它的经济信息收集中心地位，同时可以更深度地探测分析其借款人关系网络。基于对客户信息更深刻和正确的探测，银行能够进行信用更有效的放大，结果是以银行为中心筛选出适应社会发展的良好的企业关系群体，优化、加速了整个社会资源配置。银行还通过信息技术如 POS 机、ATM 不断扩大优化以它为中心的信息和信用关系网络。

3. 互联网冲击银行信息中心地位

广泛意义的网络出现后，银行业的主要竞争优势体现在信息中心，能够高效探测到各种行业以及企业的信息，这是其他行业做不到的，银行业主要任务是对客户信息进行去伪存真。

然而，当前各种传统业务正在向互联网迁移，当然也包括银行业。但是银行在互联网上发展业务仅仅是借助这一渠道，它依然使用传统的数据关系。不过，互联网构建的原则是形成一种联网机构相对平等的关系，没有唯一的核心行业，于是银行在互联网上不再是经济关系的信息中心。银行成为被动的服务者，除了去伪存真，银行业必须主动吸引客户；这个时代银行只有遵循网络规则，除此之外别无他途。

以往面对处于支配地位的银行，企业愿意主动提供信息并配合进行标准化，但在全新的网络环境下，银行是服务方，信息不可能按照银行的意愿标准化并主动推送。银行必须采用新的能够检测非标准化的企业信息/数据的装置和手段，并不断改善其对社会关系探测的灵敏度。

二、零售银行中的大数据

在现代经济生活中，个人和家庭生活与银行零售业务联系密切，如投资理财、电子商务、移动支付、家居生活以及外出旅游无不与银行零售业务紧密相连。正因为零售银行的客户庞大、分布广泛、业务量大且复杂，因此零售银行对业务的管理、风险的控制、客户的营销都有不同的要求。并且随着互联网金融的发展，银行零售业务越来越受到其他非银机构的挑战，对其业务的稳固及发展面临着新的压力并提出了新的要求。要应对这种挑战，不断扩展业务，创造新的利润空间，就必须对市场需求进行周密的调查研究，并且在调查研究的基础上发现价值点，而这些正好是大数据分析的用武之地。

零售银行经过多年的发展，尤其是在最近几年互联网和移动互联网快速发展的前提下，本身已经积累了大量的数据，这些数据几乎涵盖了市场和客户的各个方面。零售银行的这些数据主要包括以下几个方面：

（1）现有客户的属性数据

客户的属性数据包括客户的性别、年龄、收入以及客户的职业。这些数据是客户在开户或者购买产品时留下来的属性数据，通过这几个属性基本上可以描述客户的大概情况，如收入水平、资产状况等。

（2）客户的账户信息

客户的账户信息中包含了客户的账户余额、账户类型及账户状态。客户的账户信息记录了客户当前的一种资产状态，对零售银行分析客户以及挖掘客户起到了重要作用。

（3）客户的交易信息

客户的交易信息中包含了客户交易的日期和时间，交易的金额以及交易的类型。通过这些我们可以知道客户交易的频度及总额，由此推断出客户的交易喜好以及资产能力。

（4）客户的渠道信息

渠道信息是指客户是偏好去银行柜台办理业务，还是通过互联网客户端或者移动互联网客户端来办理业务。客户的渠道信息对客户的管理及拓展至关重要。

（5）客户的行为信息

在互联网时代，各个零售银行都有网银日志和手机银行日志，这些日志记录了客户办理业务的行为信息。相对于前几个方面的数据信息，网银日志和手机银行日志信息是一种非结构化的数据信息。

对比以上数据来源，可以发现零售银行的数据信息主要包括以下几类：客户的属性、交易习惯、渠道偏好以及行为信息。这些数据信息储存于零售银行的网银系统、客户管理系统、电子支付平台、ECIF 系统、核心银行系统或者其他系统里面。这些系统对数据的保存及分析提供了极大的便利性和准确性。

1.5.3 物流企业中的大数据

（一）大数据对物流企业发展带来的影响

（1）信息对接，掌握企业运作信息

在信息化时代，网购呈现出一种不断增长的趋势，规模已经达到了空前巨大的地步，这给网购之后的物流带来了沉重的负担，对每一个节点的信息需求也越来越多。每一个环节产生的数据都是海量的，过去传统数据收集、分析处理方式已经不能满足物流企业对每一个节点的信息需求，这就需要通过大数据把信息对接起来，将每个节点的数据收集并且整合，通过数据中心分析、处理转化为有价值的信息，从而掌握物流企业的整体运作情况。

（2）提供依据，帮助物流企业做出正确的决策

传统的根据市场调研和个人经验来进行决策已经不能适应这个数据化的时代，只有真实的、海量的数据才能真正反映市场的需求变化。通过对市场数据的收集、分析处理，物流企业可以了解到具体的业务运作情况，能够清楚地判断出哪些业务增长速度较快、带来的利润率高等，把主要精力放在真正能够给企业带来高额利润的业务上，避免无端的浪费。同时，通过对数据的实时掌控，物流企业还可以随时对业务进行调整，确保每个业务都可以带来盈利，从而实现高效的运营。

（3）培养客户黏性，避免客户流失

网购人群的急剧膨胀，使得客户越来越重视物流服务的体验，希望物流企业能够提供最好的服务，甚至掌控物流业务运作过程中商品配送的所有信息。这就需要物流企业以数据中心为支撑，通过对数据挖掘和分析，合理地运用这些分析成果，进一步巩固和客户之间的关系，增加客户的信赖，培养客户的黏性，避免客户流失。

（4）数据"加工"从而实现数据"增值"

在物流企业运营的每个环节中，只有一小部分结构化数据是可以直接分析利用的，绝大部分非结构化数据必须转化为结构化数据才能储存分析。这就造成了并不是所有的数据都是准确的、有效的，很大一部分数据都是延迟、无效，甚至是错误的。物流企业的数据中心必须对这些数据进行"加工"，从而筛选出有价值的信息，实现数据的"增值"。

（二）大数据在物流企业中的应用

（1）市场预测

商品进入市场后，并不会一直保持最高的销量，它会随着时间的推移，消费者行为和需求的变化而不断变化。在过去，我们总是习惯于通过采用调查问卷和以往经验来寻找客户的来源。而当调查结果总结出来时，结果往往已经是过时的了，延迟、错误的调查结果只会让管理者对市场需求做出错误的信计。而大数据能够帮助企业完全勾勒出其客户的行为和需求信息，通过真实而有效的数据反映市场的需求变化，从而对产品进入市场后的各个阶段做出预测，进而合理地控制物流企业库存和安排运输方案。

（2）物流中心的选址

物流中心选址问题要求物流企业在充分考虑到自身的经营特点、商品特点和交通状况等因素的基础上，使配送成本和匿定成本等之和达到最小。针对这一问题，可以利用大数据中分类树方法来解决。

（3）优化配送线路

配送线路的优化是一个典型的非线性规划问题，它一直影响着物流企业的配送效率和配送成本。物流企业运用大数据来分析商品的特性和规格、客户的不同需求（时间和金钱）等问题，从而用最快的速度对这些影响配送计划的因素做出反映（如选择哪种运输方案、哪种运输线路等），制定最合理的配送线路。而且企业还可以通过配送过程中实时产生的数据，快速地分析出配送路线的交通状况，对事故多发路段做出提前预警。精确分析配送整个过程的信息，使物流的配送管理智能化，提高物流企业的信息化水平和可预见性。

（4）仓库储位优化

合理安排商品储存位置对于仓库利用率和搬运分拣的效率有着极为重要的意义。对于商品数量多、出货频率快的物流中心，储位优化就意味着工作效率和效益。哪些货物放在一起可以提高分拣率，哪些货物储存的时间较短，都可以通过大数据的关联模式法分析出商品数据间的相互关系来合理安排仓库位置。

1.5.4 企业大数据创新的五大趋势

一、人工智能逐渐成为商业智能的重要组成部分

1. 单纯的商业智能已不能满足处于领导者地位企业的全部需求

从本质上来讲，数据分析的目标是帮助客户从数据当中获取洞察力，创造价值。而人工智能（Artificial Intelligence，AI）作为商业智能中的关键技术，它围绕的目标并没有发生变化，还是怎么样帮助到客户，尤其是对于企业中的绝大多数业务人员。通过人工智能技术他们从数据中获取洞察、实现更精准的趋势预测和辅助决策，提高企业营业额以及提升企业的运营效率。

商业智能（Business Intelligence，BI）满足了企业在结果监控、问题诊断、决策支持上的需求，人工智能则满足了业务预测、问题预警、探究数据背后的关联关系等深层次需求，如客户流失预测、客户购买预测、销量预测、设备故障预警等。

2. 人工智能不能独立存在，应与商业智能无缝集成

商业智能和人工智能同属大数据和智能分析的范畴，在技术上有相当多的重叠性。相比人工智能，商业智能的发展已经经历了几十个年头，各层技术路线和资源都十分成熟丰富，尤其是商业智能的可视化能力、敏捷易用性、数据准备能力、高性能处理能力都可让人工智能借力。

可视化能力：人工智能模型处理出的结果，很多时候也需要供人来查看解读。丰富的图表类型和展现形式是商业智能的擅长点，也是很多人工智能平台薄弱的环节。缺少好的可视化输出会降低数据的"易读懂性"。值得注意的是，有部分人工智能算法适合用特殊的非常规图表类型来展示，也需要商业智能平台做好扩展支持。

敏捷易用性：在谈论人工智能的时候，非数据科学家类人群都会把它当

成非常神秘和高大上的东西,莫测不可知。实际上虽然算法的理论基础专业性要求很强,但算法的应用并不复杂,也不应该复杂,应该降低算法应用的使用门槛,让大量需要应用的业务用户也能够上手使用,以此来最大化人工智能的商业价值。敏捷商业智能在易用性上已经做了很多创新,人工智能的应用可以借力其用户体验。

数据准备能力:和商业智能一样,数据治理的水平、数据的质量也会影响人工智能模型输出结果的精准度。数据准备能力,如数据治理、数据清洗、数据整合等,人工智能可以共用、共享其结果。在高质量的数据基础上,进行模型的训练和探索。

高性能处理能力:性能强大的平台,可以压缩数倍人工智能模型训练的时间,让企业更快地应用人工智能的价值成果。可将人工智能的算法改造为可支持分布式计算的形式,以适配 MPP 的计算引擎。

由此可以看出,对比独立开发新的人工智能平台,在商业智能平台中集成人工智能能力,会具备极大的完备性优势。

二、早期尝试自服务分析的企业未达目标,真正的企业级自服务分析被探索落地

早期企业简单地认为,只要系统操作简便,就能让业务人员自己完成分析过程,然而业务人员并不懂数据库、数据表和数据结构,也缺乏数据分析的方法论知识,并不能实现目标。分析需求并不很多,业务人员也缺乏自己动手的动力。

业务人员经常用不符合 IT 最佳实践的方式操作系统,导致系统崩溃。

以上都是在实践中会遇到的非常现实的问题。在国外,有如 Tableau 之类的可视化工具,易用性很好,操作简便,易学。但是自服务分析的内涵并不仅仅这么简单,几乎所有自服务分析项目的失败,都是上述问题导致的。

真正的企业级自服务分析,需要具备合理分工、全面指导、性能强大等特点。

合理分工:IT 用户负责数据的准备,业务用户负责在准备好的数据基础上,通过简便的操作做灵活的多维分析或 AI 预测分析。

全面指导:经常听到可视化工具厂商告诉客户"你通过拖拽就可以完成分析操作",但客户经常还是蒙,"我拖什么呢?"。对于很多业务用户,数据分析不是他们的专业,基本的分析方法和思路还是需要通过培训传递给客户,且不能冗长,要非常简练易学。附上几篇面向业务用户的分析方法论教学文章。

性能强大：性能保障不光要靠计算引擎本身的强大，相关的系统管理机制也要十分完备。业务用户在自服务分析时比较容易出现拖拽的维度过多过细导致笛卡儿积很大的情况，系统资源一下就被占满了，变得卡顿甚至宕机。国内的数据分析平台如永洪，就在系统管理机制上做了很多考虑和设计，如系统资源隔离，让自服务分析的用户操作不会影响到看日常固定报告的用户。如可对用户设置资源使用的额度和优先级，又如多级缓存保障计算资源不被浪费等。

三、越来越多企业能够清晰区分报表与数据分析的差异

1. 报表工具只能满足"看到数据"的基础需求

报表工具只能做结果监控，而不能回答发现的问题，更不能带来直观的决策指导。企业需要数据分析平台来做数据应用的基础。

2. 交互式分析成为企业数据平台标配功能

在今天，企业更加注重"看到数据"—"发现问题"—"找到答案"—"采取行动"的闭环实现。这个闭环实现需要平台功能和服务能力的双重支撑。

在平台功能上，需要全局联动、动态计算等，使用户看到的不是静态的固定报表，而是可交互、可对话的动态报告。在报告中发现的问题可通过交互式操作直接找到答案，而不是再去做一个新的固定报表。

在服务能力上，服务方不光要负责分析需求在数据分析平台上的实施和实现，更需要具备数据咨询能力，通过对业务和数据的系统化梳理，设计具备深度业务价值的分析体系，而非仅仅被动响应业务用户提出的常规报表需求。

四、越来越多企业将数据分析嵌入从高层到一线人员的日常决策中

1. 一线人员的决策普遍呈现效率低、水平低的状况

其实笔者并不喜欢"决策"这个词，容易让人误解，总觉得很重，只有大事才需要决策。笔者更喜欢用"判断"这个词，即日常工作中，有哪些事需要做思考判断？今天需要致电哪些客户、哪些商品需要下生产订单了、下月的新品该如何设计等，都是需要做思考判断的事项。

思考判断是如何做的呢？通常情况下，用户都会到各个系统查看需要的信息，也经常需要再打一圈电话做确认，用半个小时完成判断的过程，效率不高。而且新人和老人的判断水平也有差距，判断的失误则会直接影响业务的发展。

2. 并不是做个"驾驶舱"就算实现了决策支持

在过去,有很多项目都以"决策支持系统"为名称,但交付的仅是一个驾驶舱,实际仍然只是结果监控,并没有做到真正的决策支持。

在我们和企业的沟通中,有时会问"您有哪些需要决策/判断的问题",结果通常是一时反应不过来。如果这个问题都尚未明确,那么"驾驶舱"支持了哪些决策呢?

3. 以决策支持为目的的数据分析能极大改进问题

在做好真正的决策支持时,数据咨询的能力至关重要。需要对业务对象的日常工作有细致的梳理,找出其中需要做思考判断的事项,将判断的依据和判断的规则用数据分析平台整合呈现出来,用户就不用到处看系统、打电话来收集信息了,在一个统一的页面上就能集中看到做判断所需的全部信息,这些信息都以数据可视化的形式呈现出来,而判断规则转化为了公式和模型。这样原来半小时做的判断,现在一分钟就能完成了,还保障了判断水平的统一高质量。

五、越超半数大中型企业需要一个数据分析的"全能专家"作为企业发展的战略伙伴

昂贵的实施、集成、维护、学习成本,使企业迫切需要具备全方位能力的合作伙伴,和数据打交道得越深,企业越感到其专业范围之广,从而迫切需要一个数据分析的"全能专家"来帮助自己做好数据价值的挖掘。在任何一方面瘸腿儿,都会导致流程阻塞,折损价值的输出。

所谓"全能",不光是数据分析平台的功能要完整全面,数据咨询、数据治理、数据化运营最佳实践等相关的服务型能力也要完整全面,综合起来才能把事情做好。

全能专家需要具备四方面能力:平台、应用、服务、运营。目前业界已有像永洪一样具备数据分析"全能专家"能力的企业产生。永洪基于对企业需求的洞察,逐步构建各方面能力,率先定义了数据驱动业务增长的PASO能力模型,以作为对"全能专家"能力的诠释。

1.6 大数据应用带来的挑战

1.6.1 大数据促使商业领域重新洗牌

整个商业领域因为大数据的到来而重新洗牌,在大数据面前,固有的商

业模式得到了冲击和挑战，传统的一成不变的思维已经跟不上时代的发展。整个生产环节和供需市场需要重新审视自己的定位，不能局限于简单的产销关系。从市场定位、产品设计到销售售后都可以用数据说话。

2003年，奥伦·爱奇尼奥准备乘坐从西雅图到洛杉矶的飞机去参加弟弟的婚礼。他知道飞机票越早预订越便宜，于是在几个月前就定好了机票。在飞机上，他好奇地问了一下旁边邻座的乘客他的机票多少钱。当他得知那个人的机票虽然买的比他晚，但是票价却比他的便宜时，他感到很气愤。于是他又问了其他的几个乘客，结果大部分人的机票居然都比他的便宜。

对于大多数人来说，这种气愤可能会在下飞机之后就会消失的无影无踪，但是爱奇奥尼是美国最有名的计算机专家之一，他当然不会轻易放过这种令他气氛的飞机票。飞机着陆之后，他整理了一下自己的思路，决定研发一个系统，用于帮助人们预测他们购买的机票价格是否合理。作为一种商品而言，飞机上的同等座位的价格本来不应该有差别。但实际上，却千差万别。其中的缘由怕是只有航空公司自己清楚了。

爱奇尼奥表示，他要做的不是去研究机票价格差异的秘密，而仅仅是为了预测未来的一段时间内，机票的价格是上涨还是下降。如果真能得到这样的答案，则对于大众而言意义是很重大的。但实际操作起来却没那么简单。这个系统需要分析所有航线机票的价格和提前购买天数之间的关系。

通过这个系统用户可以得到购买机票的最佳时间。如果某航线的平均机票价格在一段时间内呈现上涨的趋势，那么系统就会提醒用户立刻购买；如果呈下降趋势，则会建议用户稍后再购买，帮助乘客节省了很多钱。这个预测系统是建立在41天之内的12 000个样本基础之上的，而这些数据全部来源于一个旅游网站。

到2012年为止，奥伦的预报系统用了将近十万亿条价格记录来帮助预测航班的票价，准确度已经高达75%，使用这个系统来购票的旅客，平均每张机票可节省50美元。

这是建立在大数据基础之上的信息预测系统，是大数据思维下新兴商业模式的代表。在大数据时代，数据是资源，也是一种财富。

1.6.2 三足鼎立的大数据公司

随着信息技术的发展，大数据一词已经变得炙手可热。任何人群、任何行业似乎都开始步入大数据的行列，各行各业都视大数据为自身发展的一个新的契机甚至是转折点，众人面对大数据纷纷一拥而上投入大数据的怀抱。然而，在互联网时代，又有多少企业是真正了解和正确使用大数据的？更多的国内企业似身处迷城的人们，貌似看到了走出困境的希望，却一直在数据的迷城中转圈，直至迷失自己。

一、以大数据为噱头盲目豪赌

王健林宣布豪赌50亿元，指望借助大数据将万达电商打造成新的帝国；美的空调扬言要斥资150亿元，基于云、大数据和物联网技术打造智能家居业务；康师傅也希望耗费巨资构建大数据平台实现集团食品业务的升级。无论是传统大型企业还是新兴的中小企业，都纷纷竖起了大数据的大旗"揭竿而起"。然而，这一系列喧嚣的背后，却是大数据应用的落后。除了互联网公司出于自身特质具有立足于数据价值运营的思维和技术，更多的中国传统企业在数据的运用方面可谓一塌糊涂。恰如国外的《经济学人》声称：中国的企业目前远没有实现网络化和数字化，更没有参与云计算和大数据分析等趋势。国内的这些打着大数据旗号的企业，看似在寻找"新的春天"，实则在盲目地进行一场以大数据为噱头的豪赌。传统企业经过多年的信息化摸索，确实有了一些数据的积累，部分企业也已经开始基于数据展开营销工作，但数据开放程度低、数据共享难、数据处理技术基础薄弱、大数据人才稀缺等，也是不争的事实，这些制约了国内大数据的发展。

二、"三驾马车"的如鱼得水

就在国内传统企业面对大数据味如鸡肋，碰得灰头土脸之际，互联网"三巨"百度、腾讯、阿里巴巴却风光无限。百度拥有巨大流量，腾讯的用户遍布全球，阿里巴巴的收购随心所欲，李彦宏、马化腾、马云不仅赚得盆满钵满，而且杀气腾腾，他们就像三辆不断扩张的战车，把新兴企业收编完之后，还在传统企业面前舞刀弄枪，给它们带来挑战。

经过十几年的努力，百度、腾讯、阿里巴巴已经成长为世界级的互联网公司。凭借出众的技术能力他们获得了大量的数据，进而通过大数据技术挖掘出了价值可观的数据宝藏，最终在国内的互联网行业中鱼如得水，处于国内整体企业的金字塔尖。

三、星星之火燎起"数据荒原"

面对让众多国内企业碰得灰头土脸不知所措的大数据宝藏，并不是所有的国内企业都似百度、腾讯、阿里巴巴这三驾马车一样拥有强大的数据资源和分析手段，也并不是所有的企业都有这样雄厚的资金去做这样的事情。这是否意味着众多的国内企业只能望梅止渴抑或画饼充饥，让大数据的宝藏变成被遗弃的"数据荒原"？其实，对于众多的国内企业而言他们完全可以换个思路，去"借鸡生蛋"。通过借助现在国内外的大数据技术研发公司的技术或者购买使用他们的数据分析产品，变自己企业的"数据荒原"为数据宝藏。例如，利用诸如 IBM 大数据平台、大数据魔镜等大数据可视化分析技术，省去企业自我挖掘数据的环节，直接获得可视化的分析结果。而这些诸如大数据可视化分析的大数据技术就似星星之火，必将燎尽"数据荒原"，露出无尽的数据宝藏。

1.6.3 加速成长的大数据中间商

总部位于西雅图的交通数据处理公司 Inrix 就是一个很好的例子。它汇集了来自美洲和欧洲近 1 亿辆汽车的实时交通数据。这些数据来自宝马、福特、丰田等私家车，还有一些商用车，如出租车和货车。私家车主的移动电话也是数据的来源。这也解释了为什么它要建立一个免费的智能手机应用程序，因为一方面它可以为用户提供免费的交通信息，另一方面它自己就得到了同步的数据。Inrix 通过把这些数据与历史交通数据进行比对，再考虑进天气和其他诸如当地时事等信息来预测交通状况。数据软件分析出的结果会被同步到汽车卫星导航系统中，政府部门和商用车队都会使用它。

Inrix 是典型的独立运作的大数据中间商。它汇聚了来自很多汽车制造商的数据，这些数据能产生的价值要远远超过它们被单独利用时的价值。每个汽车制造商可能都会利用他们的车辆在行驶过程中产生的成千上万条数据来预测交通状况，这种预测不是很准确也并不全面。但是随着数据量的激增，预测结果会越来越准确。同样，这些汽车制造商并不一定掌握了分析数据的技能，他们的强项是造车，而不是分析泊松分布。所以汽车制造商都愿意第三方来做这个预测的事情。另外，虽然交通状况分析对驾驶员来说非常重要，但是这几乎不会影响一个人是否会购车。所以，这些同行业的竞争者们并不介意通过行业外的中间商汇聚他们手里的数据。

当然，很多行业已经有过信息共享了，比较著名的有保险商实验室，还有一些已经联网了的行业，如银行业、能源和通信行业。在这些行业里，信息交流是避免问题最重要的一环，监管部门也要求他们信息互通。市场研究公司把几十年来的数据都汇集在了一起，就像一些专门负责审计报刊发行量的公司一样。这是一些行业联盟组织的主要职责。

如今不同的是，数据开始进入市场了。数据不再是单纯意义上的数据，它被挖掘出了新的价值。例如，Inrix 收集的交通状况数据信息会比表面看上去有用得多，它被用于评测一个地方的经济情况，因为它也可以提供关于失业率、零售额、业余活动的信息。2011 年，美国经济复苏开始放缓，虽然政客们强烈否定，但是这个信息还是被交通状况分析给披露了出来。Inrix 的分析发现，上下班高峰时期的交通状况变好了，也就说明失业率增加了，经济状况变差了。同时，Inrix 把其收集到的数据卖给了一个投资基金，这个投资基金把交通情况视作一个大型零售商场销量的代表，一旦附近车辆很多，就说明商场的销量会增加。在商场的季度财政报表公布之前，这项基金还利用这些数据分析结果换得了商场的一部分股份。

大数据价值链上还出现了很多这样的中间人。比较早期的一个就是 Hitwise，现在它已经被益百利收购了。Hitwise 与一些互联网服务公司合作，它支付给这些公司一些费用以使用它们的数据。这些数据只是以一个固定的低价授权给 Hitwise，而不是按它所得利润的比例抽成。这样一来，Hitwise 作为中间人就得到了大部分的利润。另一个中间人的例子就是 Quantcast，它通过帮助网站记录用户的网页浏览历史来测评用户的年龄、收入、喜好等个人信息，然后向用户发送有针对性的定向广告。它提供了一个在线系统，网站通过这个系统就能记录用户的浏览情况，而 Quantcast 就能得到这些数据用于提高定向广告的效率。

1.6.4 大数据给个人隐私带来威胁

在经历了两年的发布缓冲期后，2018 年 5 月 25 日起，用于取回公民以及住民对个人资料的控制，以及简化欧盟国际商务统一规范的隐私保护法规《一般数据保护条例》（General Data Protection Regulation）将会在欧盟成员国及欧洲经济区内正式启用执行。但这里先不对它的具体内容进行过多赘述，简单概括，它将会为适用成员带来以下几个重要改变：

作为史上最严、覆盖规模最大的隐私保护法规，《一般数据保护条例》不仅对欧盟组织地区的成员起到影响，就算收集主体不在上述地区之内，所有涉及对欧盟组织地区住民的数据处理行为也都必须被纳入该法规的监管。换句话说，假如某软件开发商是火星人，但他开发的软件面向欧盟组织地区的用户使用并涉及用户的信息数据收集，那么这位火星的开发者依然要受到《一般数据保护条例》的管控。所以我们可以看到最近几年全球范围内互联网公司的一系列调整举措。然而，尽管《一般数据保护条例》并不是对全球互联网用户适用且后续成效还有待商榷（目前我们还无法预知它会被怎样钻空子），它却也在另一个角度为我们这些互联网用户敲响了警钟：真的是时候去重视你的个人隐私了。

首先我们要明确这样一个概念，虽然个人隐私及用户数据的承载主体分别为用户个体和收集主体，但这两者所指向的完全是同一件事物——用户在网上所体现出的个人信息，这会包括浏览习惯，登录地点，用户使用的浏览设备乃至浏览器和网络类型等，所有这些由用户本人所发起的网络使用行为，都可以看作个人信息。或许对用户来说上网只是一种消遣个人时间的手段，这些有意无意透漏出的信息对用户来说并没有什么用途，用户并不在乎别人会怎么摄取或者使用这些数据，也不会考虑这些被使用的数据将会带来怎样的影响——这些信息对用户本人而言并没有任何价值。但用户要知道，此时他们所置身的是信息时代，是具有海量测量收集角度的大数据纪元，数据就是这里的另一种流通等价物，就是这种社会中的财富象征。通过"全球市值百强"名单，我们会发现排名前十的企业中有 6 家都为互联网公司。它们既是这个时代的产物，也是由无数互联网用户所一手造就的。甚至可以说，没有互联网用户的青睐，就不会有这些年轻的巨头。没有互联网用户的支撑，就不会有这种澎湃的力量。而这些或许尚未察觉的互联网用户所付出的，仅仅只是把"网络中的自己"托付给了互联网，仅此而已。

而事情离结束还为时尚早。为了让个人信息"体现出更大的价值"，这些被"托付"的数据往往会被多方转手，甚至是交叉组合使用。例如，不久前被曝光的定位智能（Location Smart），这家依靠用户定位数据为生的企业把它的经营方式运用到了极致。定位智能不仅自己在使用用户的数据营生，同时也在把数据卖给第三方组织（甚至还会"预防"用户采取防护措施）。

明明是在 A 网站浏览了某些内容，但却会在 B 网站收到相关的广告推送。互联网在打通了人与人之间的时空阻隔的同时，也为其中个体在节点与节点间的流动提供了可能。但是，是谁为这种流动提供了推力？又是谁允许了这种推力的存在？作为被流动的主体，用户本身是否知道自己所遭受到的一切？他们又可以做出何种选择？这些会有人去在意吗？假如这些问题不能带来任何直接收益，至少在笔者看来，无论《一般数据保护条例》是否存在，总会有人对这些做法视而不见。

网络社会也是商业社会的一种形态，这一点毋庸置疑。所以除公益组织外，没有任何个体或者组织有义务或是责任来为另一方提供服务。然而如上文所述，这其中的流通等价物——个人数据往往却会被人视若无物。这种做法不仅仅来自信息承载者，也会来自信息收集者。这不是一种麻木的行为，但却正朝着麻木的定义方向发展。"如果重新重视这些个人数据，这种做法对我有什么好处？我又要怎样去做？是不是一直都要这么去看待这个问题？"这些疑问可能仅仅只是为了提高我们对个人隐私意识所要面对的问题中的冰山一角，并且足够让人头疼，但在网络出现之前，在短短的半个世纪之前，这些问题似乎根本不存在，所以我们要怎样才能摸索出一条通透的道路？尤其是在这种规则尚不明确的环境下，我们往往会面对更多的不确定。假如有人能够这么告诉我们"同意我们的用户条款会为我们带来 20 元的潜在收益，会为你带来 5 元的统一补偿。"或者"我们对你的侵犯行为对你造成了价值 0.2 元的损害，这是我们的补偿请收下。"以及"你收集了我 20 KB 的数据，打个八折，收你 40 元"……把所有的行为都用某种可量化的等价物进行体现，双方都可以拥有一个直观的衡量标准，这会是一种好的解决方法么？

当然这只是笔者一个不负责任的臆想，而这种物化的做法在极端的同时也会体现出某种恶劣的价值观。但我们终究需要另一个替代品来替代我们现有的互相信任。

按照《一般数据保护条例》的描述，这双看不见的手会通过律法手段让它的覆盖空间更加有序。可是它毕竟只是一种法律上的量裁等价物，假如《一般数据保护条例》消失，假如这里是《一般数据保护条例》所覆盖不到的地区，一切又要靠什么应对？我们是否能去做些什么？我们又会期待那些收集主体做出什么样的举措？

从自身的角度来看，我们交给对方的个人信息是为了让对方为我们提供更加周到的服务，因为这是对我们而言的唯一直接收益与追求。而互联网对我们日常生活起到的改变不言而喻，假如它会对我们带来良好的体验提升，我们没理由拒绝加入其中。但在信息收集主体方面，怎样获得最大收益才是主要和最终目的，为用户带来体验提升只是达成这一目的的方式之一。在这种方式之外，还有更多不用承担责任的操作空间为它们带来额外的收益，如用户数据转卖，数据的不透明开发。所以双方在选择空间上就已经是不对等的存在。如果突然间不让你使用手机上打开频率最高的那三款软件或者服务，很少会有人能在短时间内找到替代品来弥补这种依赖的落差。那些动辄几十亿月活用户，以及数十分钟日常使用时长的软件巨头们显然在某种程度上和我们捆绑在了一起，并且成为不被我们主导的器官。

拒绝使用或者寻找替代品始终只是缓兵之计，而无论出现什么样的后果，最终的承受者也只会是用户本身。所以这里的问题就会变得非常明显，我们要做些什么才能在最大程度上保护我们自己，保护自己会在这种被动的局面中受到尽可能少的损失？

此前笔者曾在另一篇文章中提到过这样的观点：假如脸书、微信、QQ等是用户无法抗拒的选项，或许用户可以把它们看作亚马逊、美团、淘宝以及滴滴出行。当然这种取代并不是功能上的替代，而是在我们自身观念上的一种改观。用户的个人隐私在数据库中只是一行行的字符，在数据交易商的记录中只是一条条可以促成成交的记载，尽管用户从来不知道是哪些行为哪些信息变成了他们眼中的金矿，至少还可以从这里认识到自己的价值所在——互联网以前所未有的方式和手段把用户同诸多未知连接到了一起，这可能是一种潜在激励，或许这些目的终究无法被我们知悉，但这些与我们交织的依赖方们也是由一个个的个体所构成的。

1.6.5 大数据分析的不可靠性

人类生活需要预测，但可靠性却实在不敢让人恭维，鲜有正确。这有人为因素，也有技术原因。如"非样本错误"。假设有一位司机，驾龄30年，出行2万次，只发生过2次轻微的剐蹭事故。中秋节跟家人一起喝了很多酒，那么这位司机能否因为此前驾驶记录良好，就认为这次也不会出事故？显然这是错误的想法。因为2万次的出行记录都是无酒驾记录，这次喝多了，此前的记录已无任何统计学意义。或许觉得这样的低级错误预测专家能够避免才对，但其实不然。由美国引起的2008年全球金融危机，人类也就只有一两位能预测得到，而其他所有的美国评级机构、白宫智囊团、经济学家无一能预测出。究其原因，就是犯了这种"非样本"的预测错误。当情况有变，一味根据过去的记录做出预测，就只能得到错误的答案。

很多人喜欢投资股市。身处牛市，投资者再外行恐怕也能多少赚点钱，但从牛市进入熊市，证券公司一般都是集体犯错，这更多的是人为因素。证券分析师出现错误判断很正常，但犯错一定要避免只有自己犯错，一起犯错就等于自己没犯错。例如，有人分析出股市有一定概率要崩盘，最佳策略却是继续持有。这样股市崩盘了，由于绝大多数同行都不确定何时要崩盘，也都选择持有战略，集体犯错，并不会显出自己水平低。但如果贸然卖掉股票，短期股价却没有跌甚至涨了，就只能表明自己水平不够。

震惊全球的"9·11"恐怖袭击事件让人感觉很突然，其实美国情报机构差点识破这一重大阴谋。2001年8月16日，穆萨维，一名宗教极端主义者被逮捕了。他只进行了50个小时的飞行培训，却要求参加波音747客机的模拟训练。这很诡异，因此被人举报。事后看这个事情，信号很清晰，有恐怖分子要用飞机炸大楼。在当时，这个信号却被掩盖在几十万条诸如此类的众多噪声中，并不突出，或许他只是个飞行爱好者呢。有信号，更有噪声，使得预测非常困难。

以上种种因素导致人类预测不甚准确，但还是有办法使得预测更加接近真相，那就是借助贝叶斯定理。这条概率学定理已产生二百多年，是用条件概率推理问题，揭示人们对概率信息的认知加工过程与规律、指导人们进行有效的学习和判断决策。例比，一位女性的乳房X光片显示阳性，那么她患乳腺癌的概率会是多少？已有的统计数据显示，如果一位女性未患乳腺癌，X光片呈阳性的概率为10%；如果确实患有乳腺癌，X光片阳性概率为75%；因此X光片呈阳性，一般人会认为事情很严重。但如果用贝叶斯定理来分析，她患乳腺癌的概率只有10%,因为40多岁的女性,患乳腺癌概率很低，只有1.4%，也就是说先验概率很低。

大数据时代，虽然信息量暴增，但信号与噪声并存，要做出正确的预测并不比以前容易，甚至更难。《信号与噪声》一书告诉我们，如果以贝叶斯定理为基础，努力了解事情的因果关系，避免一些不该犯的人为或技术错误，预测准确率都会提高很多。

1.6.6 大数据引发管理规范变革

大数据时代的管理变革。无所不在的数据采集会不会侵犯个人的隐私？基于相关关系的行为预测，会不会侵犯人们的自由意志？大数据公司会不会形成新的数据垄断，会不会对数据进行滥用？针对这些问题作者进行了详细的剖析。传统的保护个人隐私的手段已经失效，告知与许可，面对数据废气与二次利用，基本不再可行；模糊化和匿名化，在大部分情况下也不可靠。经典的案例是美国在线公司（AOL）2006年8月公布的历史搜索数据，包括约66万人的2 000万条搜索记录，但是《纽约时报》几天内便成功地将4417749号代表的人查找出来，她就是62岁的寡妇塞尔玛·阿诺德。另外，人们会不会过于信赖数据，形成数据独裁？麦克纳马拉就是一个执迷于数据的人。越战期间他强硬地每天公布越南的死亡人数，多年之后他为此表示了歉意。数据有四宗罪：质量可能很差；可能不客观；可能存在分析错误或误导性；更糟糕的是，数据可能根本达不到量化它的目的。卓越的才华并不信赖于数据；数据只有得到合理的利用，大数据才会变成强大的武器。

尽管有这样或那样的担心，但是变革从不止于规范。当世界开始迈向大数据时代，社会也将经历类似的地壳运动。在改变人类基本的生活与思考方式的同时，大数据早已在推动人类信息管理准则的重新定位。我们要保护个人隐私，让数据使用者对自己的使用行为承担责任。我们要保护人类的自由意志。大数据算法师将与律师、注册会计师一样，形成一个维护公正的职业。数据之于信息社会是如此重要，就如燃料之于工业革命，是人们进行创新的力量源泉，所以我们还要反对大享对数据的垄断。责任与自由并举的信息管理——一场管理规范的变革。管理变革一：个人隐私保护，从个人许可到让数据使用者承担责任。管理变革二：个人动因和预测分析。管理变革三：击碎黑盒子，大数据算法师的崛起。管理变革四：反数据垄断。

第 2 章　大数据存储

2.1　大数据对数据存储的要求

　　大数据的应用为企业的数据存储带来了挑战。定义大数据实际上比人们想象的更具挑战性。glib 的定义谈到了大量的非结构化数据，但事实上，它是合并了结构化和非结构化的许多数据源，以创建一个可以分析有用信息的存储数据池。

　　人们可能会问"大数据到底有多大？"，存储营销人员的答案通常是"大，非常大"或者是达到 PB 级。很多大数据在被分析的几分钟之内就会变成垃圾数据，而有些则需要存储和保留。这使得数据的生命周期管理至关重要。随着数据的全球化，于 2018 年 5 月生效的"欧盟通用数据保护条例"规定了个人数据生命周期管理要求，即使对于欧洲之外公司来说，其违规处罚也是十分严厉的，涉及的企业将会遭到其高达 4% 的全球年收入的处罚。

　　对于 IT 行业人士来说，其存储已经习惯了 TB 这个术语，但存储 PB 级的数据成本令人望而生畏，这就像人们当初面临 RAID 存储阵列的那种情况。如今的驱动器和存储设备已经改变了所有关于容量成本的规则，特别是在开源软件可以发挥作用的地方。

　　集中的容量需要集中的网络带宽。将这些 PB 级存储设备与以太网上的非易失性内存主机控制器接口规范（Non-Volatice Memory Express，NVME）结合起来，以 100Gbps 的速度运行，但行业厂商已经处于 200Gbps 部署的初期阶段。这是网络连接能力的一个重大飞跃，但即使如此，也不足以跟上大规模并行设计的驱动器的发展步伐。

　　数据压缩有助于解决许多大数据存储的使用案例，从删除重复图像到重复的 Word 文件块。使用 GPU 进行压缩的新方法可以处理巨大的数据速率，为 PB 级 1U 机柜提供一种快速处理的方式。

　　大数据存储最具价值的部分实际上是软件。非结构化数据通常存储在密钥 / 数据格式中，在传统的 blockIO 之上，这是一个试图掩盖多个不匹配的低效方法。较新的设计范围为从对象的扩展元数据标记到以驱动器或存储设备上的开放式密钥/数据格式存储数据。这些都是一些处在萌芽状态的方法，但其价值主张似乎很明确。

最后，公共云为大数据提供了一个可扩展到庞大规模的具有弹性的平台。这显然有助于满足企业需求，AWS、Azure 和谷歌都添加了强大的大数据服务列表来匹配。借助巨大的 GPU 支持，云计算虚拟机可以有效地模拟内部服务器场，并为混合云或基于公共云的解决方案提供引人注目的案例。

2.1.1 数据存储面临的问题

一、大数据的共享与开放

数据共享和开放现在面临三大挑战：第一，不愿意共享开放，政府部门各自为政，把数据开放当成自己的权力；第二，法律法规制度不够具体，不清楚哪些数据可以跨部门共享和向公众开放；第三，缺乏公共平台，共享渠道不畅。

二、大数据的流通与交易

政府和企业组织没有充分认识到用外部数据可以对自身工作和业务起到巨大的提升作用，所以，一般来讲都很少利用外部数据。很多数据拥有者对数据蕴含的价值缺乏足够的洞察，不放心让自己的数据进入流通环节，担心企业机密泄露。所以，流通也不够，交易也不够，利用更不够。

三、大数据利用和保护

目前，欧盟制定了严格的数据保护法案，中国虽然有宏观上的数据保护要求，但是没有全面的数据保护法规。

多元数据是与个人隐私、专业、公共生活有关的任何信息，包括姓名、照片、电子邮件地址、工作表现、经济状况、健康状况、个人偏好、兴趣、IP 地址等。针对个人信息的收集、记录、组织、建构、存储、修改、咨询、使用、传播和其他应用，包括排列组合，都可以通过人工处理或自动化处理。

个人具有管理自己数据的权益，具有自己的数据被泄露能够获得及时通知的权利以及被遗忘权。对个人数据处理，要合法公正透明，必须有规有法。只有为了公共利益或历史研究，个人数据才能长时间存储，其他目的的个人数据不能长时间存储。同时，还要保证收集的个人数据有技术措施保证，不能被非法授权、非法处理、遗失丢失和损毁。

并不是说个人数据不能处理，符合规定的可以处理。个人数据处理是为了保护自己，保护一个自然人的切身利益；为了公共利益，为了追求合法利益的必要，允许商业利用。商业部门、企业处理个人数据，先是为了合法利益，当然不能侵犯提供个人信息数据的消费者的利益，尤其是儿童。现在几乎所有App都收集个人信息，如果是为了合法利益的，是被允许的。有个社会调研是关于是否愿意为了将来应用资费上的优惠牺牲隐私，全球有27%的人表示可以牺牲隐私，中国有38%的人表示可以牺牲隐私，更多中国人认为隐私不重要，反而优惠更重要。

数据的传输存储和开发要有要求。所有的软件，包括移动应用的App，在开发阶段和运行数据处理阶段要保护个人数据的隐私。数据控制也含APP，要有充分的技术和措施，确保数据和移动应用的完整性，必须应对数据处理面临的风险。

我国有一些关于数据开发应用的文件，工业和信息化部出台的《大数据产业发展规划（2016—2020年）》，2016年出台的《网络安全法》，都提到对个人信息和重要数据的境内存储，需要保护信息安全和个人隐私。但是，跟欧盟的法规比，我们的规范都很宏观，真正违反了会怎么样，并没有规定。

2.1.2 大数据存储不容忽视的问题

国务院出台的《促进大数据发展行动纲要》提到，推动政府信息系统和公共数据的互联共享，避免重复建设和数据打架，增强政府的公信力，促进社会信用体系建设。

大数据共享包括政府部门之间的数据共享、跨行政区域政府间的信息共享、政府与企业间数据的合作和共享、企事业单位之间的数据共享等。

政府层面，需要设立大数据协同管理机构，促进政府部门间的数据共享，但是必须健全大数据相关制度框架和制度体系。另外，需要进一步建立基础数据库，要集中存储被共享的数据，同时进行清晰校验和整合，提供可以共享的目录，以便用户可以接入和收取这些数据。当然，还要规定访问的权限等。

中国政府数据开放平台分布较不均衡，其中沿海经济发达地区占总数的70%，西部中部比较少。虽然中国政府开放了教育、医疗、文体、环境等方面的数据，但是开放数据的总量偏低、结构化程度低、数据质量不高、民众参与反馈不准。

2.1.3 存储管理系统的特性及其面临的挑战

一、存储管理系统的特性

作为数据存取的载体,大数据存储管理系统与传统的存储系统仍然具有许多相似的特性,如安全性(Security)、准确性(Accuracy)、可扩性(Scalability)及高效性(Efficiency)。

1. 安全性

虽然大数据的存储访问是位于企业的数据中心内部,对于外部用户已经具有防火墙隔离功能,但是对于企业内部来说不同部门的数据也并非完全可以共享的,如人事部门对于企业内部工资的管理,或者金融企业历史交易数据等。为每一个部门建立一个大数据的存储管理平台并不现实,较为实用的方法是类似于传统的数据库访问,所有部门共享一个大数据存储池,通过添加必要的访问控制来实现数据访问的安全性。

2. 准确性

数据的准确性是作为存储管理系统最为基础的要求,对于大数据的存储来说,其准确性的要求可能没有传统数据库那么高,因为其数据规模庞大可以容忍较少量的数据错误,但是数据准确性依然是不能忽视的重要特性。传统的存储是通过冗余备份(如磁盘阵列)、定期、强制写入磁盘、双控制器来确保数据的准确性,而在大数据存储系统中则是通过其中较为简单的多副本(即冗余备份)方式做到容错的,一般来说同一个机架上拥有两份备份在不同的节点上,不同的机架上也有相应的备份,从而达到数据丢失的自动还原功能,实现数据的可用性。而为了达到数据备份的一致性,在数据备份创建的过程中也有相应的备份点及重传机制作为保障。从技术方法上来说,两者是十分相似的,甚至在大数据领域所采用的方法较之传统的存储系统技术更为简朴。

3. 可扩性

无论是大数据存储系统还是传统的存储系统,容量规划都是一个重要的问题,容量规划一是要满足现有的存储空间和带宽的需求,更重要的是考虑到系统扩张后的容量升级。

4. 高效性

在存储系统中,通过对用户层透明的压缩处理来实现空间及带宽利用的有效性提升是一个普遍的做法,这个在传统的存储系统和大数据系统中都十分重要，尤其是对一些归档备份的数据，自动的压缩开启以及不同压缩算法的提供与选择就显得十分实用。

二、存储管理系统面临的挑战

除了以上的一些共性外，由于大数据的"3V"特性即 Volume、Velocity、Variety（规模大、速度快、多样性），传统的数据存储管理系统面临着更多的挑战，有些甚至已经完全不能满足大数据的存储计算的要求，而需要开发新的针对大数据的数据存储管理平台。

1. 扩容方式

虽然传统存储系统和大数据存储系统都具有可扩性，但是其扩展方式是截然不同的。传统存储是纵向扩容，即当存储容量不够或者存储磁盘带宽不够时，在 SAN 或者 NAS 存储池中继续添加磁盘（Hard-drive）来达到增加容量和带宽的作用，但是大数据时代纵向扩容方式是无法满足其需求的。首先，大数据的数据规模目前已经是 EB（Exa-Byte）级别，将来甚至会达到 ZB（Zeta-Byte），这个数量级别的存储容量是无法通过单纯地往网络存储池添加硬盘来实现的。其次，即使可以通过纵向扩容达到更大数据规模的需求，其高额的硬件及管理软件成本也是数据存储管理中心无法承担的。因此，对于大数据存储系统来说横向扩张才能够很好地达到巨量数据规模的需求，才能够实现存储系统的按需（On-Demand）动态规模增减。所谓的横向扩容是指当存储容量或者带宽不足以满足现有要求时，可以添加存储节点来达到扩容的目的。在大数据的应用领域，每一个节点不需要高价的磁盘阵列（RAID），相反只需要一定数量的各种类型的硬盘以独立工作单元方式进行管理（即 JBOD 存储设备）。根据谷歌的设想，这些节点甚至可以是一些成本较为低廉的日常用机器（甚至是台式机）。横向扩容意味着数据管理软件将要统筹更多的节点，面对更大的压力。例如，如果采用集中式的主节点管理，主节点的能力可能成为整个大数据存储系统的性能瓶颈，尤其是当规模扩大到成千上万个节点时，单管理节点的模式是不可靠的；如果采用分布式主节点群管理，软件的开发成本和系统本身的复杂度相应就会提高。

2. 存储模式

传统的存储系统是依赖于 SAN 或者 NAS 这样的网络存储模式，这些存储模式存在着如上所述纵向扩容瓶颈，更重要的是它们将计算节点与存储节点分隔开，通过网络来共享一个或多个存储池，最终使得数据的存取速度被限制在网络的瓶颈上，即使通过纵向扩容其存储池容量和带宽都得到了提高，最终却受限于它们与数据处理节点之间的网络带宽上。而对于大数据的处理和存取来说，最终的速度都受制于 SAN 或者 NAS 的物理网络带宽，这是远远无法满足 EB 级别数据规模的需求的。因为网络存储对于大数据意味着，当计算发生时 PB 或者 EB 级别的数据需要通过 SAN 或者 NAS 的网络搬迁到计算节点上进行各种应用的处理，然后再将结果返回，而这样巨量数据的搬迁本身也许比起计算应用更加耗时。所以目前大数据存储系统普遍采用的是 DAS 的方式，并且将计算资源搬迁到数据的存储节点上发生，但是简单的 DAS 方式仍然给存储管理系统的软件层增加了许多新问题，如通过网络的跨节点数据访问管理、存储数据块的管理等。

3. 兼容集成

大数据存储系统的兼容集成特性涉及若干方面，首先，由大数据的多样性特点所决定，其存储系统需要兼容各种种类的数据，有结构化、半结构化及非结构化数据，而传统的数据库存储则是管理结构化的关系型数据，其数据的种类比较单一。其次，大数据的存储需要和各种数据源及数据存储系统整合集成系统工作，正如之前典型的架构所列举，其数据交换接口需要兼容各种数据传输机制才能够很好地服务数据中心的各种需求。再次，大数据计算要对大量的数据提供各种有效服务，如有些批处理数据分析或者机器学习算法需要处理大量的数据，有些交互式（Interactive-access）的数据访问或者查询需要快速返回；有些流式（Streaming）计算的及时运算与响应，这些计算服务的数据都被存放在统一的大数据存储系统之上，因为反复搬迁大规模的数据对于任何大数据应用来说都是降低效率的致命短板，所以基于大数据的存储系统可以支持各种上层应用的需求，提供统一或者兼容性强的读写接口。最后，大数据存储管理系统需要支持各种介质的存储设备来满足上层各种应用的需求。例如，对于经常访问的热点数据，存储系统可以从磁盘读取数据的同时将数据缓存存放在内存或者 Flash（固态硬盘）中，这要求大数据的存储系统支持多级缓存操作，并且很好地兼容各种硬件存储设备。

4. 故障维护

相较于传统存储系统，大数据的存储系统成本不仅仅意味着花费的多少，更多的涉及其可用性。当数据管理系统的硬件规模达到成千上万时，每一个节点和节点的磁盘成本都会被扩大，根据谷歌最初的设想，大数据的处理集群只需要采用低廉的日常用机即可（甚至可以是台式机），而低廉的存储设备加上众多节点使得故障率高于一般的传统存储系统。因而对于大数据的存储系统来说，一是需要强大的容错软件管理能力，二是需要更加有效的运维系统来监控各种故障的发生，尤其是对于大数据存储系统可能拥有十万级别的硬盘，磁盘故障可能每天都会发生。

2.2 存储技术

存储就是根据不同的应用环境通过采取合理、安全、有效的方式将数据保存到某些介质上并能保证有效的访问，总的来讲其可以包含两个方面的含义：一方面它是数据临时或长期驻留的物理媒介；另一方面它是保证数据完整安全存放的方式或行为。存储就是把这两个方面结合起来，向客户提供一套数据存放解决方案。

一、存储技术分类

1. 直接附加存储

直接附加存储（Direct Attached Storage，DAS）是最早期的网络存储设备，它以服务器为中心，不带有任何存储操作系统。其方式是存储设备通过小型计算机系统接口（Small Computer System Interface，SCSI）电缆或光纤通道直接连到服务器或客户端扩展接口。其存储操作主要依附于服务器，故也称为服务器附加存储（Server Attached Storage，SAS）。在直接附加存储技术中，通用服务器不但作为存储设备，同时还提供数据的输入、输出和应用程序的运行，故其本身只是硬件的堆叠。

直接附加存储技术价格便宜，易于安装。它适用于当服务器的分布难以用存储区域网络或网络附加存储互联时；当许多数据库应用和应用服务器在内的应用，需要直接连接到存储器上时；当存储必须和应用服务器直接连接时。此外，当数据量不是很大，对数据安全性要求不是很高时也可采用直接附加存储。在直接附加存储技术中，若用户数量增加或服务器正在提供服务，则其响应速度要变慢。在网络带宽足够时，服务器本身会成为数据输入、输出的瓶颈。该技术的缺点还有不具备共享性，因而不利于存储管理和维护；扩容很难满足存储容量的增加；数据安全性差，难以备份/恢复。

2. 磁盘阵列

磁盘阵列（Redundant Arrays of Independent Disks，RAID）意为独立磁盘构成的具有冗余能力的阵列。

它由很多价格较便宜的磁盘组合成一个容量巨大的磁盘组，利用个别磁盘提供数据所产生的加成效果提升整个磁盘系统效能。利用这项技术，将数据切割成许多区段，分别存放在各个硬盘上。

磁盘阵列还能利用同位检查（Parity Check）的观念，在数组中任意一个硬盘故障时，仍可读出数据，在数据重构时，将数据计算后重新置入新硬盘中。

3. 网络附加存储

网络附加存储（Network Attached Storage，NAS）被定义为一种特殊的专用数据存储服务器，包括存储器件（如磁盘阵列、CD/DVD 驱动器、磁带驱动器或可移动的存储介质）和内嵌系统软件，可提供跨平台文件共享功能。网络附加存储通常在一个 LAN 上占有自己的节点，无须应用服务器的干预，允许用户在网络上存取数据，在这种配置中，网络附加存储集中管理和处理网络上的所有数据，将负载从应用或企业服务器上卸载下来，有效降低总拥有成本，保护用户投资。网络附加存储本身能够支持多种协议（如 NFS、CIFS、FTP、HTTP 等），而且能够支持各种操作系统。通过任何一台工作站，采用 IE 或网景（Netscape）浏览器就可以对网络附加存储设备进行直观方便的管理。

4. 存储区域网络

存储区域网络（Storage Area Networks，SAN）是千兆位速率的网络，它依托光纤通道（Fibre Channel，FC）为服务器和存储设备之间的连接提供更高的吞吐能力、支持更远的距离和更可靠的连通。存储区域网络可以是交换式网络，也可以是共享式网络。

5. IP 存储

IP 存储（IP Storage）是在存储区域网络，通常是 Gigabit 以太网使用 IP 的几个途径的一个总括。IP 存储是传统的光纤通道结构的替代者。IP 基础存储的支持者们声称它比光纤通道具有更多的优势，当它们被最初引进时，预示着促进存储区域网络的广泛分布采用。另一个 SANs 在 20 世纪 90 年代中末期出现了，它没有像开发者期望的那样得到市场的接受。光纤通道，包括费用、复杂性和互用性等问题被频繁地提出。根据一些建议，IP 存储提出了关于这些问题的解决方案，这将使得存储区域网络能够完成它的早期许诺。

例如，利用普通网络硬件和技术也许可以使得 IP 存储区域网络的配置复杂性低于纤维通道。硬件元件是相对便宜的，并且因为技术已经普遍成熟，就很少会有协同工作的问题，培训费用也较低。此外，普遍存在的 TCP/IP 网络使得扩大或者连接全世界的存储区域网络变成可能。现有普遍采用的 IP 存储区域网络：iFCP（网络光纤通道协议）和 FCIP 提供了能用于扩展光纤通道结构并可转换成一个 IP 存储网络的混合方法。

6. 互联网小型计算机系统接口网络存储

互联网小型计算机系统接口是由 IBM 下属的两大研发机构——加利福尼亚阿尔马登（Almaden）和以色列海法（Haifa）研究中心共同开发的，是一个供硬件设备使用的、可在 IP 协议上层运行的小型计算机系统接口指令集，是一种开放的基于 IP 协议的工业技术标准。该协议可以用 TCP/IP 对小型计算机系统接口指令集指令进行封装，使得这些指令能够通过基于 P 网络进行传输，从而实现小型计算机系统接口指令集和 TCP/IP 协议的连接。对于局域网环境中的用户来说，采用该标准不需要太多的投资就可以方便、快捷地对信息和数据进行交互式传输及管理。

二、存储技术比较

存储技术比较如表 2.1 所示。

表 2.1 存储技术比较

存储技术	直接附加存储	网络附加存储	FC 存储区域网络	IP 存储区域网络
成本	低	较低	高	较高
数据传输速度	快	慢	极快	较快
扩展性	无扩展性	较低	易于扩展	最易扩展
服务器访问存储方式	直接访问存储数据块	以文件方式访问	直接访问存储数据块	直接访问存储数据块
服务器系统性能开销	低	较低	低	较高
安全性	高	低	高	低
是否集中管理存储	否	是	是	是
备份效率	低	较低	高	较高
网络传输协议	无	TCP/IP	Fibre Channel	TCP/IP

三、存储技术趋势预测与分析

1. 存储虚拟化

存储虚拟化是目前及未来的存储技术热点，它其实并不算是什么全新的概念，磁盘阵列、LV.M、SWAP、VM、文件系统等这些都归属于其范畴。存储的虚拟化技术有很多优点，如提高存储利用效率和性能，简化存储管理复杂性，绿色节省，降低运营成本等。现代数据应用在存储容量、I/O 性能、可用性、可靠性、利用效率、管理、业务连续性等方面对存储系统不断提出更高的需求，基于存储虚拟化提供的解决方案可以帮助数据中心应对这些新的挑战，有效整合各种异构存储资源，消除信息孤岛，保持高效数据流动与共享，合理规划数据中心扩容，简化存储管理以及绿色节能等。目前最新的存储虚拟化技术有自动分级存储（HSM）、自动精减配置（Thin Provision）、云存储（Cloud Storage）、分布式文件系统，还有诸如动态内存分区、SAN 和 NAS 虚拟化。虚拟化可以柔性地解决不断出现的新存储需求问题，因此我们可以断言存储虚拟化仍将是未来存储的发展趋势之一，当前的虚拟化技术会得到长足发展，未来新虚拟化技术将层出不穷。

2. 固态硬盘

固态硬盘（Solid State Disk，SSD）是目前备受存储界关注的存储新技术，它被看作一种革命性的存储技术，可能会给存储行业甚至计算机体系结构带来深刻变革。在计算机系统内部，总线、内存、外存、网络接口等存储层次之间，目前来看内存与外存之间的存储鸿沟最大，磁盘 I/O 通常成为系统性能瓶颈。固态硬盘与传统磁盘不同，它是一种电子器件而非物理机械装置，具有体积小、能耗小、抗干扰能力强、寻址时间极小（甚至可以忽略不计）、每秒的输入/输出量（Input/Output Operations Per Second，IOPS）高、I/O 性能高等特点。因此，固态硬盘可以有效缩短内存与外存之间的存储鸿沟，计算机系统中原本为解决 I/O 性能瓶颈的诸多组件和技术的作用将变得越来越微不足道，甚至最终将被淘汰出局。试想，如果固态硬盘性能达到内存甚至 L1 cache、L2 cache 的性能，后者的存在还有什么意义，数据预读和缓存技术也将不再需要，计算机体系结构也将会随之发生重大变革。对于存储系统来说，固态硬盘最大的突破是大幅提高了每秒的输入/输出量，摩尔定律的效力再次显现，通过简单地用固态硬盘替换传统磁盘，就可能达到和超越综合运用缓存、预读、高并发、数据局部性、磁盘调度策略等软件技术的效用。固态硬盘目前对 IOPS 要求高的存储应用最为有效，主要是大量随机读写应用，这类应用包括互联网行业和内容分发网络（Content Delivery Network，CDN）行业的海量小文件存储与访问（图片、网页）、数据分析与挖掘领域的 OLTP 等。固态硬盘已经开始被广泛接受并应用，当前主要的限制因素包括价格、使用寿命、写性能抖动等。从最近两年的发展情况来看，这些问题都在不断地改善和解决，固态硬盘的发展和广泛应用将势不可挡。

3. 重复数据删除

重复数据删除（Data De-duplication）是一种目前主流且非常热门的存储技术，可对存储容量进行有效优化。它通过删除数据集中重复的数据，只保留其中一份，以消除冗余数据。这种技术可以很大程度上减少对物理存储空间的需求，从而满足日益增长的数据存储需求。重复数据删除技术可以帮助众多应用降低数据存储量，节省网络带宽，提高存储效率，减小备份窗口，节省成本。重复数据删除技术目前大量应用于数据备份与归档系统，因为对数据进行多次备份后，存在大量重复数据，非常适合这种技术。事实上，重复数据删除技术可以用于很多场合，包括在线数据、近线数据、离线数据存储系统，可以在文件系统、卷管理器及网络附加存储、存储区域网络中实施。重复数据删除也可以用于数据容灾、数据传输与同步，作为数据压缩技术也可用于数据打包。为什么重复数据删除技术目前主要应用于数据备份领域，而其他领域应用较少呢？这主要由两方面的原因决定的：一是数据备份应用数据重复率高，非常适合重复数据删除技术；二是重复数据删除技术的缺陷，即关于数据安全、性能方面。重复数据删除使用哈希指纹来识别相同数据，存在产生数据碰撞并破坏数据的可能性。重复数据删除需要进行数据块切分、数据块指纹计算和数据块检索，消耗可观的系统资源，对存储系统性能产生影响。信息呈现的指数级增长方式给存储容量带来巨大压力，而重复数据删除是最为行之有效的解决方案，其固然有一定的不足，但大行其道的技术趋势无法改变。更低碰撞概率的哈希函数、多核、GPU、固态硬盘等，这些技术推动重复数据删除走向成熟，由作为一种产品而转向作为一种功能，逐渐应用到近线和在线存储系统。动态文件系统（Zettabyte File System，ZFS）已经原生地支持重复数据删除技术，我们相信将会不断有更多的文件系统、存储系统支持这一功能。

4. 云存储

云计算无疑是现在最热门的 IT 话题，不管是商业噱头还是 IT 趋势，它都已经融入了我们每个人的工作与生活当中，云存储亦然。云存储即数据服务（Data as a Service，DaaS），专注于向用户提供以互联网为基础的在线存储服务。它的特点表现为弹性容量（理论上无限大）、按需付费、易于使用和管理。云存储主要涉及分布式存储（如分布式文件系统、IPSAN、数据同步、复制）、数据存储（如重复数据删除、数据压缩、数据编码）和数据保护（如RAID、CDP、快照、备份与容灾）等技术领域。从专业机构的市场分析预测和实际发展情况来看，云存储的发展如火如荼，移动互联网的迅猛发展也起到了推波助澜的作用。目前典型的云存储服务主要有亚马逊 S3、谷歌存储、微软 SkyDrive、中国电信 e 云、中国移动 139 信箱、世纪互联有备、联想网盘、金山快盘、数据银行、新浪微盘、QQ 硬盘、360 云盘等。私有云存储目前发展情况不错，但是公有云存储发展不顺，用户仍持怀疑和观望态度。目前影响云存储普及应用的主要因素有性能瓶颈、安全性、标准与互操作、访问与管理、存储容量和价格。云存储终将离我们越来越近，这一趋势是无可置疑的，但终究还有多远？这由因素问题的解决程度决定。云存储将从私有云逐渐走向公有云，满足部分用户的存储、共享、同步、访问、备份需求，但是试图解决所有的存储问题也是不现实的，2012年底云存储发展进入了一个崭新的发展阶段。

5. SOHO 存储

SOHO（Small Office，Home office）存储即个人或家庭存储。现代家庭中拥有多台 PC、笔记本电脑、上网本、平板电脑、智能手机，这些设备将组成家庭网络。SOHO 存储的数据主要来自个人文档、工作文档、软件与程序源码、电影与音乐、自拍视频与照片，部分数据需要在不同设备之间共享与同步，重要数据需要备份或者在不同设备之间复制多份，需要在多台设备之间协同搜索文件，需要多设备共享的存储空间，等等。手机、数码相机和摄像机的普及和数字化技术的发展，以多媒体存储为主的 SOHO 存储需求突现。单部高清电影容量可以达到数吉、单张高质量照片容量可达数兆，这些内容的总容量往往能够达到几太甚至数十太，直连的硬盘无法满足这种日益增长的存储需求，用户面临的困境是存储空间似乎永远不够用。目前 SOHO 存储大致有两种思路。一是家庭网络附加存储微型存储装置，提供文件级的集中共享存储空间，并在网络附加存储提供数据备份和复制、数据管理、高级文件检索、多种数据访问协议和接口等功能。目前已经有一些存储厂商推出了此类产品，正是由于存在硬件设备并且价格低廉，所以用户的认可度比较高。二是 P2P 存储系统，利用软件系统将各个设备的存储空间统一起来，提供一个虚拟的集中共享存储空间，同样可以提供家庭网络附加存储上的所有功能。P2P 存储系统的一个问题是可用性，如果没有足够多的设备启动，则这个系统就不能正常工作，而往往家庭中的设备都不会同时启动，因此可用性很难保证。此外，个人用户通常不大愿意为软件系统付费，所以这种思路目前来看是不可行的。SOHO 存储的需求已经初步显现，还没有引起存储厂商的足够重视，但这块市场是非常巨大的，未来会不会出现家庭云存储呢？大家拭目以待吧。

6. ROBO 存储

ROBO（Remote Office，Branch Office）存储即企业远程或分支机构存储。大的公司或组织机构会有多个子公司或分支机构组成，分布在世界上不同的城市。互联网使得世界变得非常平坦，分布式协作越来越为重要，我们甚至可以遐想未来很多企业甚至不需要集中的办公场所，员工在家办公即可。ROBO 存储正是为了应对这种基于互联网的协作式工作模式而产生的。ROBO 存储的需求主要集中在数据同步、共享、分发、协作上，传统的上传/下载模式文件服务难以满足这种需求，天然地需要基于互联网的广域分布式文件系统。由于互联网的低带宽、高延迟、安全性等因素影响，ROBO 存储面临巨大的挑战，像 NAS/CIFS/AFS 这类系统都无法在互联网上很好地工作。针对 ROBO 存储，通常在公司总部部署集中式存储系统保存所有的数据，在每个子公司部署较小的存储节点，然后通过高速网络互联，并提供高效的数据同步、分发、数据缓存等机制，尽量减少数据通信量以提高性能和实时性。目前 ROBO 存储似乎还没有成熟的解决方案，广域分布式文件系统现在也很少被提及，挑战性显而易见，潜在需求是推动技术发展的最好动力，我们有理由相信 ROBO 存储终会成为一种存储趋势。

7. 语义化检索

数据检索目前主要分为两类：一是基于文件名的，二是基于文件内容的。主流文件系统的数据检索都是基于文件名进行的，桌面搜索引擎则综合文件名和文件内容进行检索，前者遍历文件系统元数据，后者需要解析文件内容，它们都是通过关键字匹配来实现检索的。显然，这两类检索的语义是非常有限的，与人类思维方式有着很大的区别。人类对事物的检索往往通过事物的属性以及与其他事物与其的联系来实现，如人肉搜索一个人，我们可通过性别、交通工具、外貌等基本特征以及社会关系来定位，这些都可看作基于语义化的检索。文件本身就具备许多的属性，如文件名、大小、创建者、创建日期、文件类型、访问权限，同时也具有与其他文件的联系，如处于相同目录、相同的所有者、同时被访问、文件集的组成部分等，此外还可以标注额外的属性和关系。因此，存储系统完全可以实现语义化的检索，通过文件属性和关系来检索文件，并用关系网络（类似社会化网络）来表示检索结果。这种方式语义上更加丰富，检索结果更加精确，也更加符合人类的思维方式。目前存储方面的语义化检索产品基本是空白的，业界当前主要研究还是集中在基于内容分析的数据检索，但也有一些先行者在从事这方面的工作，而且语义网的研究成果可以为此提供许多基础，如语义的标识、知识表示以及推理等。面对海量的数据，精确、高效地检索出自己需要的数据是第一步，语义化检索符合存储的技术发展趋势。

8. 存储智能化

人工智能是计算机的发展方向，这是个理想而艰巨的目标。对于存储系统来说，智能化代表着自动化、自适应、兼容性、自治管理、弹性应用，通过对系统的监控、分析和挖掘来发现数据应用的特点和使用者的行为模式并动态调整配置，从而达到最佳的运行状态。存储智能化可以分别在存储系统栈中的不同层次实现，包括磁盘、磁盘阵列、卷管理器、文件系统、NAS系统、应用系统，从而形成系统的存储智能化。目前存储智能化已经有许多应用，例如，自动分级存储根据数据的访问频度在不同存储层级间流动，数据卷大小自动调整，文件系统根据文件大小采用不同的数据块大小，数据自动迁移与复制，数据诊断与自动纠错。目前存储智能化整体水平还很低，巨大容量、高性能、高可用性、高可靠性、高可扩性、高安全性的存储系统实现和管理仍然非常艰巨和复杂。虽然我们已经取得了一定的成果，但离真正的目标差距还很大，存储学术界和业界都在为此而努力。智慧的存储，让数据在整个信息生命周期内有序、高效、自治，存储效用最大化、简化管理、减少人工干预，这应该是存储的大趋势。

2.3 云存储技术

云存储是在云计算概念上延伸和发展出来的一个新的概念，是一种新兴的网络存储技术，是指通过集群应用、网络技术或分布式文件系统等功能，将网络中大量各种不同类型的存储设备通过应用软件集合起来协同工作，共同对外提供数据存储和业务访问功能的系统。

当云计算系统运算和处理的核心是大量数据的存储和管理时，云计算系统中就需要配置大量的存储设备，那么云计算系统就转变成一个云存储系统，所以云存储是一个以数据存储和管理为核心的云计算系统。简单来说，云存储就是将储存资源放到云上供人存取的一种新兴方案。使用者可以在任何时间、任何地方，透过任何可联网的装置连接到云上方便地存取数据。

2.3.1 云存储的优点

云存储的优点如下：

①存储管理可以实现自动化和智能化，所有的存储资源被整合到一起，客户看到的是单一存储空间。

②提高了存储效率，通过虚拟化技术解决了存储空间的浪费，可以自动

重新分配数据，提高了存储空间的利用率，同时具备负载均衡、故障冗余功能。

③云存储能够实现规模效应和弹性扩展，降低运营成本，避免资源浪费；云存储技术在安防领域应用方面存在的问题受限于安防视频监控自身业务的特点，监控云存储和现有互联网云计算模型会有区别，如安防用户倾向于视频信息存储在本地、政府视频监控应用比较敏感、视频监控对网络带宽消耗较大等。

2.3.2 云存储的分类

1. 公共云存储

亚马逊 S3 和路坦力（Nutanix）公司提供的存储服务一样，可以低成本提供大量的文件存储。供应商可以保持每个客户的存储、应用都是独立的、私有的。其中以 Dropbox 为代表的个人云存储服务是公共云存储发展较为突出的代表，国内比较突出的代表有搜狐企业网盘、百度云盘、乐视云盘、移动彩云、金山快盘、坚果云、酷盘、115 网盘、华为网盘、360 云盘、新浪微盘、腾讯微云等。

公共云存储可以划出一部分用作私有云存储。一个公司可以拥有或控制基础架构以及应用的部署，私有云存储可以部署在企业数据中心或相同地点的设施上。私有云存储可以由公司自己的 IT 部门管理，也可以由服务供应商管理。

2. 内部云存储

内部云存储和私有云存储比较类似，唯一的不同点是它仍然位于企业防火墙内部。至 2014 年可以提供私有云存储的平台有 Eucalyptus、3A Cloud、Minicloud 私有云、联想网盘等。

3. 混合云存储

这种云存储把公共云存储和私有云存储/内部云存储结合在一起，主要用于按客户要求的访问，特别是需要临时配置容量的时候。从公共云存储上划出一部分容量配置一种私有云存储或内部云存储可以帮助公司面对迅速增长的负载波动或高峰时很有帮助。尽管如此，混合云存储带来了跨公共云存储和私有云存储分配应用的复杂性。

2.3.3 云存储的特性

1. 便捷性

在企业的办公中,工作的文档需要传输给多人查阅。此时企业云存储的共享性就满足文件流转的需要。不再像以往的办公,需要通过邮件或者 QQ 进行多次发送。办公避免了中间不断传输的环节,大大降低了企业文档的丢失率和烦琐的重复性。

2. 移动办公

通过文件集中共享,人们就可以通过外网访问到企业的文件。再加上企业云存储的在线编辑功能。人们完全可以通过手机或者 iPad 等设备完成工作。对于外出跑业务多的企业,无疑是一项非常有用的功能。

3. 协作性

对于企业用户,单纯共享和在线编辑是完全不够的。在团队的工作、协作是不可或缺的环节。在共享的同时,控制编辑权是企业协作的核心。在云盒子云存储中,我们加入了特有的编辑锁功能,让团队成员一次编辑完成项目文档。完全通过电子化完成工作中的协作。

4. 权限控制

相对于独立的个人,企业是以群体的形式存在的,有上下级和部门的区分。而对于文档的管理就有各种权限的需求,不同层级需要看到的文件数量自然是不同的,拥有编辑的权利也是各异的。在企业云存储中,这无疑成为企业选择云存储服务的基础。这也是个人云存储无法办到的。

2.3.4 云存储的技术基础

云安防是基于物联网模式并且采用云存储技术来满足现代化安防的需求。具体实现是指通过集群应用、网格技术、分布式文件系统等功能,将视频监控、门禁控制、磁盘阵列射频识别、入侵报警、消防报警、短信报警、GPS 卫星定位等技术通过云安防集合起来协同工作,进行信息交换和通信,完成智能化识别、定位、跟踪和监控的安防管理。用户可以通过 C/S、B/S 以及移动设备的客服端进行 24 h 的无缝远程监管。据相关技术人员介绍,云安防的架构中包括感知层、网络层、处理层和应用层。其中,感知层由各种传感器以及传感器网关构成,包括摄像机、拾音器、指纹仪、入侵探测、烟感探测、震动探测、温度探测等感知终端;网络层由各种私有网络、互联网、电话网和无线通信网组成;处理层则由集中存储服务、报警服务、消息服务、数据服务等部分组成；应用层是物联网和用户的接口，与行业需求结合，实现物联网的智能应用。

2.3.5 云存储系统的结构模型

云存储系统与传统存储系统相比，具有如下不同：从功能需求来看，云存储系统面向多种类型的网络在线存储服务，而传统存储系统则面向如高性能计算、事务处理等应用；从性能需求来看，云存储服务需要考虑的是数据的安全、可靠、效率等指标，而且由于用户规模大、服务范围广、网络环境复杂多变等特点，实现高质量的云存储服务必将面临更大的技术挑战；从数据管理来看，云存储系统不仅要提供类似于 POSIX 的传统文件访问，还要能够支持海量数据管理并提供公共服务支撑功能，以方便云存储系统后台数据的维护。

1. 存储层

存储层是云存储最基础的部分。存储设备可以是光纤通道存储设备，可以是网络附加存储和互联网小型计算机系统接口等 IP 存储设备，也可以是小型计算机系统接口或网络附加存储等直接附加存储存储设备。云存储中的存储设备往往数量庞大且多分布在不同地域，彼此之间通过广域网、互联网或者光纤通道网络连接在一起。

存储设备之上是一个统一存储设备管理系统，可以实现存储设备的逻辑虚拟化管理、多链路冗余管理，以及硬件设备的状态监控和故障维护。

2. 基础管理层

基础管理层是云存储最核心的部分，也是云存储中最难以实现的部分。基础管理层通过集群、分布式文件系统和网格计算等技术，实现云存储中多个存储设备之间的协同工作，使多个存储设备可以对外提供同一种服务，并提供更大、更强、更好的数据访问性能。

内容分发网络（Content Delivery Network，CDN）、数据加密技术保证云存储中的数据不会被未授权的用户访问，同时，通过各种数据备份、容灾技术和措施可以保证云存储中的数据不会丢失，保证云存储自身的安全和稳定。

3. 应用接口层

应用接口层是云存储最灵活多变的部分。不同的云存储运营单位可以根据实际业务类型，开发不同的应用服务接口，提供不同的应用服务，如视频监控应用平台、IPTV 和视频点播应用平台、网络硬盘应用平台、远程数据备份应用平台等。

4. 访问层

任何一个授权用户都可以通过标准的公用应用接口来登录云存储系统，享受云存储服务。云存储运营单位不同，云存储提供的访问类型和访问手段也不同。

2.3.6 云存储的用途和发展趋势

云存储通常意味着把主数据或备份数据放到企业外部不确定的存储池里，而不是放到本地数据中心或专用远程站点。支持者们认为，使用云存储服务，企业机构就能节省投资费用，简化复杂的设置和管理任务，把数据放在云中还便于从更多的地方访问数据。

数据备份、归档和灾难恢复是云存储可能的三个用途。

云的出现主要用于静态类型数据的任何种类的大规模存储需求。用户不想在云中存储数据库，但是可能想在云中存储数据库的一个历史的副本，而不是将其存储在很昂贵的存储区域网络或网络附加存储技术中。

一个好的概测法是将云看作只能用于延迟性应用的云存储。备份、归档和批量文件数据可以在云中很好地处理，因为可以允许几秒的延迟响应时间。另外，由于延迟的存在，数据库和性能敏感的任何数据不适用于云存储。

减少工作和费用是预计云服务在接下来几年会持续增长的一个主要原因。国际数据公司声称，全球IT开支当中有4%用于云服务；到2012年，这个比例达到9%。由于成本和空间方面的压力，数据存储非常适合使用云解决方案；国际数据公司预测，在这同一期间，云存储在云服务开支中的比重会从8%增加到13%。

2.4 大数据存储解决方案

2.4.1 戴尔的流动文件系统

戴尔的流动文件系统的四个特性如下：

①提供同类最佳性能的网络附加存储组合，采用Fluid FS软件的戴尔存储FS系列，可为SC、PS系列平台提供线性性能扩展和较低的文件OPS成本。

②存储容量和性能可以实现无中断的独立扩展，根据需求变化在单一命名空间内进行，不必进行昂贵的断代升级。

③支持复制、快照、精简等各种可靠性功能，以确保Fluid FS可以带来

强大的数据保护和高可用性。

④具备重复数据删除和压缩功能，戴尔 Fluid FS 可在不需要冗余数据时，对进行重复数据删除和压缩，最高可将常用企业数据所需的容量减少 48%。

2.4.2 华为的集群存储系统

易安信（EMC）与 3PAR 之间一直有分歧，易安信长期以来一直诟病 3PAR 的 PCI-X 总线、不支持 8 GB 的光迁通道和 10 GB 的以太网、不支持固态硬盘和不支持分级迁移等。3PAR 也时常调侃易安信的一些策略。日立数据系统（Hitachi Data Systems，HDS）公司和易安信之间也在互相拿对方的架构指指点点。事实上没什么可指点的，表现上可能不一样，但是骨子里却都一样。

这次，易安信来了个大翻转，一改 DMX 的直连矩阵架构，全面转向基于包交换互联网络的集群存储架构，一改 Power PC，全面转向开放的 Intel X86。仔细的用户可能会发现，V-MAX 甚至与 3PAR 的 Inserve-T 系列集群架构有些许相似之处，即节点都是成对出现。3PAR 和 V-MAX 之所以必须以节点对的形式出现，是为了使用这一对节点共同连接一串磁盘扩展柜，以避免单点故障。例如，一旦某个节点出现宕机故障，如果其后挂的扩展柜没有另外节点来接管，那么所有存储于这串扩展柜上的数据将无法再被访问到。这里不得不提一下 XIV，XIV 的镜像保护方式和动态随时迁移数据的设计，让其可以只用一个节点连接后端的磁盘，虽然它目前还没有扩展柜，但是不见得未来不支持扩展，毕竟 Intel X86 Server 是个很开放的架构，只要插上一堆扩展卡，就没有做不到的事情。

V-MAX 在节点内部使用了 PCI-E，8 GB 的光迁通道和 10 GB 的以太网，节点互连通道使用了基于包交换的 RapidIO 网络，这些用料比起 3PAR 可是足足高了不少。目前日立数据系统公司尚未发布集群存储系统，并一贯坚持其基于 Crossbar 的大型主机架构控制器。随着 IBM、易安信这两家巨头相继发布了纯集群存储系统，不知道这三家巨头中的最后一家日立数据系统公司还能坚持多久。

目前 Intel X86 系统越来越普及，性价比越来越高，作为开放系统，逐渐地被存储厂商用于新的集群存储系统上来。而存储厂商可以基于这些开放系统，研发更加高级、更加智能化和移植性良好的存储软件模块，可能这就是激发 Intel X86 集群普遍被应用的原因之一。存储系统中，硬件的发展前景已经变得缓慢，而真正更加需要的，不是数据存储方面，而是数据管理方面。

2.4.3 戴尔的自动存储分层管理系统

自动存储分层（Automated Storage Tier，AST）管理系统的基本业务是能够将数据安全地迁移到较低的存储层中并削减存储成本。在其他的情况下，有必要将数据迁移到更高性能的存储层中。自动存储分层在于两个目标——降低成本和提高性能。

由于存取行为追踪统计分析与数据迁移作业，都会消耗磁盘阵列控制器的能效，因此多数自动存储分层，都会提供预设操作功能，让使用者设定允许系统执行统计分析与数据迁移操作的时间区段，以便避开存取高峰时段，如可设定为只允许在晚上 7 点以后或周五晚上到周日凌晨等下班时段，执行统计分析与数据迁移操作。

作为技术来说，自动存储分层可以在提升存储效率的同时，通过减少昂贵存储设备的使用降低总体成本。该技术可以帮助将那些相对不常访问的数据由昂贵的固态硬盘或者光纤磁盘设备无缝迁移到相对廉价的 SATA 盘或者近线串行连接小型计算机系统接口（Serial Attached SCSI，SAS）盘上。

自动分层软件在当今大多数存储阵列里是很常见的。例如，戴尔在其强制性的（Compellent）产品中就有数据连续（Data Progression），易安信公司的全自动存储分层（Fully Automated Storage Tier，FAST），惠普公司在其 3PAR 阵列里应用的 Adaptive Optimization，日立数据系统公司的动态分层以及 IBM 公司的简单分层等。这些应用在其所支持的层级数量以及给客户能控制的程度上有所不同，但从本质上来看，都是基于子逻辑单元号（Logical Unit Number，LUN）的分层技术。

比较自动存储分层技术时，需注意的功能与参数包括支持的存储层级数目（除 IBM 只分 2 层外，其他大都分为 3 层）、针对各存储层 I/O 负载与效能的监控功能等，不过最重要的两个标准分别是"精细度"与"运算周期"。

2.4.4 易安信的闪存存储技术

XtremIO 采用行业标准组件和专有智能软件，提供无与伦比的性能水平，可实现的性能范围从几十万每秒输入/输出量到上百万每秒输入/输出量，并具有一毫秒以下的一致低延迟。系统还设计提供最少的计划，具有用户友好型界面，令资源调配和阵列管理变得十分简单。

XtremIO 的阵列体系结构经过专门设计，可挖掘闪存的全部性能潜力，同时均衡地对全部资源（如 CPU、RAM、SSD 和主机端口）进行线性扩展。这使得阵列可以达到任何期望的性能水平，同时保持性能的一致性，这对于可预测的应用程序行为至关重要。

XtremIO 存储系统提供了随着时间、系统条件和访问模式而变化的高水平的性能，其性能水平始终一致。它专为真正的随机 I/O 而设计。系统的性能水平不受其容量利用率、卷数或老化效应的影响。此外，性能不基于"共享缓存"体系结构，因此不受数据集大小或数据访问模式的影响。

2.4.5 虚拟化技术

在计算机中，虚拟化是一种资源管理技术，是将计算机的各种实体资源，如服务器、网络、内存及存储等，予以抽象、转换后呈现出来，打破实体结构间的不可切割的障碍，使用户可以比原本的组态更好的方式来应用这些资源。这些资源的新虚拟部分不受现有资源的架设方式、地域或物理组态所限制。一般所指的虚拟化资源包括计算能力和资料存储。

在实际的生产环境中，虚拟化技术主要用于解决高性能的物理硬件产能过剩和老的旧的硬件产能过低的重组重用，透明化底层物理硬件，从而最大化地利用物理硬件。

第 3 章　大数据分析工具

3.1　数据分析概述

3.1.1　数据分析的概念及过程

数据分析是指用适当的统计分析方法对收集来的大量数据进行分析，提取有用信息和形成结论而对数据加以详细研究和概括总结的过程。这一过程也是质量管理体系的支持过程。在实践中，数据分析可帮助人们做出判断，以便采取适当行动。

数据分析的数学基础在 20 世纪早期就已确立，但直到计算机的出现才使得实际操作成为可能，并使得数据分析得以推广。数据分析是数学与计算机科学相结合的产物。

数据分析过程由识别信息需求、收集数据、分析数据、评价并改进数据分析的有效性组成。

3.1.2　数据分析框架的主要事件

主要事件描述分类根据业务的需要进行必要的分类，如对客户评级的分类，AA 等级或 AAA 等级估计根据业务数据判断的需要定义需要估计的数据和数据区间值，对业务进行补充和协助。

例如，根据客户储蓄和投资行为估计客户投资风格预测，根据数据的变化趋势预测数据的发展方向。例如，根据历史投资数据帮助客户预测投资行情等数据分组，根据业务需要对数据进行分组。描述性数据有助于提取关键要素进行数据归纳。再如，可以从数据关键词中进行近似业务营销、备忘录等复杂数据挖掘。

3.2 数据挖掘

3.2.1 数据挖掘的任务

数据挖掘是通过分析每个数据,从大量数据中寻找其规律的技术,主要有数据准备、规律寻找和规律表示三个步骤。数据挖掘的任务有分类分析、聚类分析、关联分析、回归分析、预测分析、序列分析、偏差分析等。

3.2.2 数据挖掘的任务

一、分类分析

分类是找出数据库中一组数据对象的共同特点并按照分类模式将其划分为不同的类,其目的是通过分类模型,将数据库中的数据项映射到某个给定的类别。它可以应用到客户的分类、客户的属性和特征分析、客户满意度分析、客户的购买趋势预测等方面,如一个汽车零售商将客户按照对汽车的喜好划分成不同的类,这样营销人员就可以将新型汽车的广告手册直接邮寄到有这种喜好的客户手中,从而大大增加了商业机会。

典型的分类算法包括决策树算法、神经网络算法、贝叶斯算法。

二、聚类分析

聚类分析也称为细分,它基于一组属性对事例进行分组,同一个聚类中或多或少有相似的属性值。

聚类分析是把一组数据按照相似性和差异性分为几个类别,其目的是使得属于同一类别的数据间的相似性尽可能大,不同类别中的数据间的相似性尽可能小。它可以应用到客户群体的分类、客户背景分析、客户购买趋势预测、市场的细分等方面。

三、关联分析

数据关联是数据库中存在的一类重要的可被发现的知识。若两个或多个变量的取值之间存在某种规律性,就称为关联。关联可分为简单关联、时序关联、因果关联。关联分析的目的是找出数据库中隐藏的关联网。有时并不知道数据库中数据的关联函数,即使知道也是不确定的,因此关联分析生成的规则具有可信度。

有人说"啤酒和尿布"事件是沃尔玛超市的一个经典案例,也有人说,这是为了宣传数据挖掘/数据仓库而编造出来的虚构的"托"。不管如何,"啤酒和尿布"给了我们一个启示，世界上的万事万物都有着千丝万缕的联系，我们要善于发现这种关联。

四、回归分析

回归任务类似于分类任务，但它不是查找描述类的模式，它的目的是查找模式以确定数值。简单的线性线段拟合技术就是回归的一个例子，其结果是一个函数，可以根据输入的值确定输出。

回归分析方法被广泛地用于解释市场占有率、销售额、品牌偏好及市场营销效果。把两个或两个以上定距或定比例的数量关系用函数形式表示出来，就是回归分析要解决的问题

五、预测分析

预测技术采用数列作为输入，表示一系列时间值，然后应用各种能处理数据周期性分析、趋势分析、噪声分析的计算机学习和统计技术来估算这些序列未来的值，如可以预测某一特定月份的销售。

六、序列分析

发现离散序列中的模式，序列由一串离散值（或状态）组成，如 DNA 序列、Web 点击的 URL 序列、购买商品的次序。序列数据和时间序列数据都是连续的观察值，观察值相互依赖，区别在于序列包含离散的状态，而时间序列包含的是连续的数值。序列和关联数据有相似，即都包含一个项集或一组状态，区别在于序列模型分析的是状态的转移，而关联模型认为购物篮的每个商品平等且独立。序列认为先买计算机后买扬声器与先买扬声器后买计算机是两个不同的序列，关联则不同。主要的序列分析技术有马尔可夫链。

七、偏差分析

偏差分析又称比较分析，它是对差异和极端特例的描述，用于揭示事物偏离常规的异常现象。

偏差检测的基本方法是寻找观测结果与参照值之间有意义的差别。例如，信用卡欺诈行为检测、网络入侵检测、劣质产品分析等。

3.2.3 数据挖掘的主要算法

朴素贝叶斯分类法是统计学分类方法，在特征条件独立性假定下，基于贝叶斯定理计算预测类隶属关系的概率进行分类。朴素贝叶斯分类器具备坚实的数学基础和稳定的分类效率，同时分类模型所需估计的参数很少，对缺

失数据不太敏感，算法也比较简单。理论上朴素贝叶斯分类模型与其他分类方法相比具有最小的误差率，但是实际上并非总是如此。这是因为朴素贝叶斯分类模型假设属性之间相互独立，这个假设在实际应用中往往是不成立的，这给模型的正确分类带来了一定的影响。

决策树是一种类似于流程图的树结构，其中，每个内部节点表示在一个属性上的测试，每个分支代表该测试的一个输出，每个叶节点表示存放一个类标号，顶层节点是根节点。决策树建立时，许多分支可能反映训练数据中的噪声或离群点，使用树剪支识别并剪去这种分支，以提高泛化性。

常用的决策树模型有 ID3、C4.5 和 CART，它们都采用贪心方法，用自顶向下递归的分治方式构造决策树；各算法间差别在于创建树时如何选择属性和剪支机制。

K 最近邻分类算法的核心思想是，如果一个样本在特征空间中的 K 个最相邻的样本中的大多数属于某一个类别，则该样本也属于这个类别，并具有这个类别上样本的特性。该方法在确定分类决策上，只依据最邻近的一个或者几个样本的类别来决定待分样本所属的类别。K 最近临分类算法在类别决策时，只与极少量的相邻样本有关。由于 K 最近临分类算法主要靠周围有限的邻近的样本，而不是靠判别类域的方法来确定所属类别的，因此对于类域的交叉或重叠较多的待分样本集来说，K 最近临分类算法较其他方法更为适合。

3.2.4 数据挖掘的应用领域

目前数据挖掘的应用领域包括 8 个方面：金融、医疗保健、市场业、零售业、制造业、司法、工程和科学、保险业。

在选择一种数据挖掘技术的时候，应根据问题的特点来决定采用哪种数据挖掘形式比较合适。应选择符合数据模型的算法，确定合适的模型和参数，只有选择好正确的数据挖掘工具，才能真正发挥数据挖掘的作用。

3.2.5 数据挖掘和联机事务处理过程的关系

联机分析处理的概念最早是由关系数据库之父高德提出的。当时，高德认为联机事务处理过程（On-Line Transaction Processing）已不能满足终端用户对数据库查询分析的需要，SQL 对大数据库进行的简单查询也不能满足用户分析的需求。用户的决策分析需要对关系数据库进行大量计算才能得到结果，而查询的结果并不能满足决策者提出的需求。因此，高德提出了多维数据库和多维分析的概念，即联机事务。联机事务主要通过多维的方式来对数据进行分析、查询和报表。它不同于传统的联机事务应用。联机事务应用主要用于完成用户的事务处理，通常要进行大量的更新操作，同时对响应时间要求比较高。而联机事务应用主要是对用户当前及历史数据进行分析，辅助领导决策。其典型的应用有对银行信用卡风险的分析与预测、公司市场营销策略的制定等。联机事务处理过程主要是进行大量的查询操作，对时间的要求不太严格。

目前，常见的联机事务主要有基于多维数据库的多维联机事务处理过程（Multidimensional OLAP，MOLAP）及基于关系数据库的 ROLAP。在数据仓库应用中，联机事务处理过程应用一般是数据仓库应用的前端工具，同时，联机分析处理工具还可以同数据挖掘工具、统计分析工具配合使用，增强决策分析功能。

3.3 关联分析

3.3.1 关联分析的概念

关联分析是一种简单、实用的分析技术，就是发现存在于大量数据集中的关联性或相关性，从而描述一种事物中某些属性同时出现的规律和模式。

关联分析是从大量数据中发现项集之间有趣的关联和相关联系，它的一个典型例子是购物篮分析。该过程通过发现顾客放入其购物篮中的不同商品之间的联系，分析顾客的购买习惯。通过了解哪些商品频繁地被顾客同时购买，这种关联的发现可以帮助零售商制定营销策略。其他的应用还包括价目表设计、商品促销、商品的排放和基于购买模式的顾客划分。

可从数据库中关联分析出形如"由于某些事件的发生而引起另外一些事件的发生"之类的规则，如 67% 的顾客在购买啤酒的同时也会购买尿布，因此通过合理的啤酒和尿布的货架摆放或捆绑销售可提高超市的服务质量和效益。又如 C 语言课程成绩优秀的同学，在学习数据结构时成绩为优秀的可能性达 88%，那么就可以通过强化 C 语言的学习来提高教学效果。

3.3.2 关联分析挖掘过程

数据挖掘是指以某种方式分析数据源，从中发现一些潜在的有用的信息，所以数据挖掘又称作知识发现，而关联分析挖掘则是数据挖掘中的一个很重要的课题，顾名思义，它是从数据背后发现事物之间可能存在的关联或者联系。举个最简单的例子，如通过调查商场里顾客买的东西发现，30% 的顾客会同时购买床单和枕套，而购买床单的人中有80%购买了枕套，这里面就隐藏了一条关联：床单→枕套，也就是说很大一部分顾客会同时购买床单和枕套，那么对于商场来说，可以把床单和枕套放在同一个购物区，那样就方便顾客进行购物了。

3.3.3 关联分析的分类

一、基于分析中处理的变量的类别

关联分析处理的变量可以分为布尔型和数值型。布尔型关联分析处理的值都是离散的、种类化的，它显示了这些变量之间的关系；而数值型关联分析可以和多维关联或多层关联分析结合起来，对数值型字段进行处理，将其进行动态的分割，或者直接对原始的数据进行处理，当然数值型关联分析中也可以包含种类变量。例如，性别"女"→职业"秘书"是布尔型关联分析；性别"女"→收入"2 300"，涉及的收入是数值类型，所以是一个数值型关联分析。

二、基于分析中数据的抽象层次

基于分析中数据的抽象层次，可以分为单层关联分析和多层关联分析。在单层的关联分析中，所有的变量都没有考虑到现实的数据是具有多个不同的层次的；而在多层的关联分析中，对数据的多层性已经进行了充分的考虑。例如，IBM台式机→索尼打印机，是一个细节数据上的单层关联分析；台式机→索尼打印机，是一个较高层次和细节层次之间的多层关联分析。

三、基于分析中涉及的数据的维数

关联分析中的数据，可以分为单维的和多维的。在单维的关联分析中，我们只涉及数据的一个维，如用户购买的物品；而在多维的关联分析中，要处理的数据将会涉及多个维。换成另一句话，单维关联分析是处理单个属性中的一些关系；多维关联分析是处理各个属性之间的某些关系。例如，"啤酒→尿布"，这条分析只涉及用户购买的物品；性别"女"→职业"秘书"，这条分析就涉及两个字段的信息，是两个维上的一条关联分析。

3.3.4 关联分析的相关算法

一、先验算法——使用候选项集找频繁项集

先验（Apriori）算法是一种最有影响的挖掘布尔关联分析频繁项集的

算法。其核心是基于两阶段频集思想的递推算法。该关联分析在分类上属于单维、单层、布尔关联分析。在这里，所有支持度大于最小支持度的项集称为频繁项集，简称频集。

该算法的基本思想是，首先找出所有的频繁项集，这些项集出现的频繁性至少和预定义的最小支持度一样。其次由频繁项集产生强关联分析，这些规则必须满足最小支持度和最小可信度。最后使用找到的频繁项集产生期望的规则，产生只包含集合的项的所有规则，其中每一条规则的右部只有一项，这里采用的是中规则的定义。一旦这些规则被生成，那么只有那些大于用户给定的最小可信度的规则才被留下来。为了生成所有频繁项集，使用了递推的方法。

二、基于划分的算法

萨瓦塞尔（Savasere）等设计了一个基于划分的算法。这个算法先把数据库从逻辑上分成几个互不相交的块，每次单独考虑一个分块并对它生成所有的频繁项集，然后把产生的频繁项集合并，用于生成所有可能的频繁项集，最后计算这些项集的支持度。这里分块的大小选择要使得每个分块可以被放入主存，每个阶段只需被扫描一次。而算法的正确性是由每一个可能的频繁项集至少在某一个分块中是频繁项集保证的。该算法是可以高度并行的，可以把每一分块分别分配给某一个处理器生成频繁项集。产生频繁项集的每一个循环结束后，处理器之间进行通信来产生全局的候选 k- 项集。通常这里的通信过程是算法执行时间的主要瓶颈；而每个独立的处理器生成频繁项集的时间也是一个瓶颈。

三、FP- 树频繁项集算法

针对先验算法的固有缺陷，有学者提出了不产生候选挖掘频繁项集的方法——FP- 树频繁项集算法。采用分而治之的策略，在经过第一遍扫描之后，把数据库中的频繁项集压缩进一棵频繁模式树（FP-Tree），同时依然保留其中的关联信息，随后再将频繁模式树分化成一些条件库，每个库和一个长度为 1 的频繁项集相关，然后再对这些条件库分别进行挖掘。当原始数据量很大时，也可以结合划分的方法，使得一个频繁模式树可以放入主存。实验表明，频繁模式增长对不同长度的规则都有很好的适应性，同时在效率上较之先验算法有巨大的提高。

3.3.5 关联分析的应用

关联分析挖掘技术已经被广泛应用在西方金融行业企业中,它可以成功预测银行客户需求。一旦获得了这些信息,银行就可以改善自身营销。银行每天都在开发新的沟通客户的方法。各银行在自己的自动取款机(ATM)上就捆绑了顾客可能感兴趣的本行产品信息,供使用本行 ATM 的用户了解。如果数据库中显示,某个高信用限额的客户更换了地址,则这个客户很有可能新近购买了一栋更大的住宅,因此会有可能需要更高信用限额,更高端的新信用卡,或者需要一个住房改善贷款,这些产品都可以通过信用卡账单邮寄给客户。当客户打电话咨询的时候,数据库可以有力地帮助电话销售代表。销售代表的电脑屏幕上可以显示出客户的特点,同时也可以显示出顾客会对什么产品感兴趣。

再如市场的数据,它不仅十分庞大、复杂,而且包含许多有用的信息。随着数据挖掘技术的发展以及各种数据挖掘方法的应用,我们从大型超市数据库中可以发现一些潜在的、有用的、有价值的信息,从而应用于超级市场的经营。通过对所积累的销售数据的分析,可以得出各种商品的销售信息。从而更合理地制定各种商品的订货情况,对各种商品的库存进行合理的控制。另外,根据各种商品销售的相关情况,可分析商品的销售关联性,可以进行商品的货篮分析和组合管理,从而更加有利于商品销售。

同时,一些知名的电子商务站点也从强大的关联分析挖掘中受益。这些电子购物网站使用关联分析中规则进行挖掘,然后设置用户有意要一起购买的捆绑包。也有一些购物网站使用它们设置相应的交叉销售,也就是购买某种商品的顾客会看到相关的另外一种商品的广告。

但是在我国,"数据海量,信息缺乏"是商业银行在数据大集中之后普遍面对的尴尬境地。金融业实施的大多数数据库只能实现数据的录入、查询、统计等较低层次的功能,却无法发现数据中存在的各种有用的信息,譬如对这些数据进行分析,发现其数据模式及特征,然后可能发现某个客户、消费群体或组织的金融和商业兴趣,并可观察金融市场的变化趋势。可以说,关联分析挖掘的技术在我国的研究与应用并不是很广泛深入。

3.4 先验算法

3.4.1 先验算法的挖掘

经典的关联分析数据挖掘算法——先验算法广泛应用于各种领域,通过对数据的关联性进行了分析和挖掘,挖掘出的这些信息在决策制定过程中具有重要的参考价值。

先验算法广泛应用于商业中,应用于消费市场价格分析中,它能够很快地求出各种产品之间的价格关系和它们之间的影响。通过数据挖掘,市场商人可以瞄准目标客户,采用个人股票行市、最新信息、特殊的市场推广活动或其他一些特殊的信息手段,从而极大地减少广告预算和增加收入。百货商场、超市和一些零售店也在进行数据挖掘,以便猜测这些年来顾客的消费习惯。

先验算法应用于网络安全领域,如网络入侵检测技术中。早期中大型的计算机系统中都收集审计信息来建立跟踪档,这些审计跟踪的目的多是性能测试或计费,因此对攻击检测提供的有用信息比较少。它通过模式的学习和训练可以发现网络用户的异常行为模式。采用作用度的先验算法削弱了先验算法的挖掘结果规则,是网络入侵检测系统可以快速地发现用户的行为模式,能够快速地锁定攻击者,提高了基于关联分析的入侵检测系统的检测性。

先验算法应用于高校管理中。随着高校贫困生人数的不断增加,学校管理部门资助工作难度也越加增大。针对这一现象,我们提出一种基于数据挖掘算法的解决方法。将关联分析的先验算法应用到贫困助学体系中,并且针对经典的先验挖掘算法存在的不足进行改进,先将事务数据库映射为一个布尔矩阵,用一种逐层递增的思想来动态地分配内存进行存储,再利用向量求"与"运算,寻找频繁项集。实验结果表明,改进后的先验算法在运行效率上有了很大的提升,挖掘出的规则也可以有效地辅助学校管理部门有针对性地开展贫困助学工作。

先验算法被广泛应用于移动通信领域。移动增值业务逐渐成为移动通信市场上最有活力、最具潜力、最受瞩目的业务。随着产业的复苏,越来越多的增值业务表现出强劲的发展势头,呈现出应用多元化、营销品牌化、管理集中化、合作纵深化的特点。针对这种趋势,在关联分析数据挖掘中广泛应用的先验算法被很多公司应用。依托某电信运营商正在建设的增值业务 Web 数据仓库平台,对来自移动增值业务方面的调查数据进行了相关的挖掘处理,从而获得了关于用户行为特征和需求的间接反映市场动态的有用信息,这些信息在指导运营商的业务运营和辅助业务提供商的决策制定等方面具有十分重要的参考价值。

3.4.2 基于先验算法的数据挖掘应用

案例:商业零售业中的购物篮分析。

一、挖掘目标的提出

零售商的问题:销售什么样的商品?采取什么样的销售策略和促销方式?商品在货架上的摆放位置是怎么样的?

针对以上的问题,我们需要分析客户的购买数据,以发现顾客的购买规律。所以基于问题的分析,我们明确了数据来源。那么我们明确了数据的来源,对这些数据该采取什么样的分析方法才能达到我们想要完成的目标。

二、分析方法与过程

根据所要实现的目标,我们先来介绍一个经典的关联分析挖掘算法——先验算法。

关联分析挖掘问题可以划分为两个子问题:一是找出事务数据库中所有大于等于用户指定的最小支持度的数据项集;二是利用频繁项集生成所需要的关联分析。根据用户设定的最小置信度进行取舍,最后得到强关联分析。识别或发现所有频繁项目集是关联分析挖掘算法的核心。

主要步骤如下:

①扫描全部数据,产生候选 1- 项集的集合 C_1。

②根据最小支持度,由候选 1- 项集的集合 C_1 产生频繁 1- 项集的集合 L_1。

③对 $k>1$,重复执行步骤④⑤⑥。

④由 L_k 执行链接和剪支操作,产生候选 $(k+1)$- 项集合 C_{k+1}。

⑤根据最小支持度,由候选 $(k+1)$- 项集的集合 C_{k+1} 产生频繁 $(k+1)$- 项集的集合。

⑥若 $L \neq \varnothing$,则 $k=k+1$,跳往步骤④;否则,跳往步骤⑦。

⑦根据最小置信度,由频繁项集产生强关联分析,结束。

在这个算法中,为了达到用户的一定要求,需要指定规则必须满足的支持度和置信度阈值,此两个值称为最小支持度阈值(min_sup)和最小置信度阈值(min_conf)。其中最小支持度阈值描述了关联分析的最低重要度,最小置信度阈值规定了关联分析必须满足的最低可靠性。

3.4.3 先验算法的优缺点

先验算法的优点:先验算法是一个迭代算法、数据采用水平组织方式、采用先验算法优化方法、适合事务数据库的关联分析挖掘、适合稀疏数据集。

先验算法的缺点:多次扫描事务数据库,需要很大的 I/O 负载;可能产生庞大的候选集;在频繁项目集长度变大的情况下,运算时间显著增加。

3.5 聚类分析

3.5.1 聚类分析的概念

聚类分析指将物理或抽象对象的集合分组为由类似的对象组成的多个类的分析过程，它是一种重要的人类行为。

聚类分析的目标是在相似的基础上收集数据来分类。聚类源于很多领域，包括数学、计算机科学、统计学、生物学和经济学。在不同的应用领域，很多聚类技术都得到了发展，这些技术方法被用作描述数据，衡量不同数据源间的相似性，以及把数据源分类到不同的簇中。

3.5.2 聚类分析的应用

一、聚类分析在客户细分中的应用

消费同一种类的商品或服务时，不同的客户有不同的消费特点，通过研究这些特点，企业可以制定出不同的营销组合，从而获取最大的消费者剩余，这就是客户细分的主要目的。常用的客户分类方法主要有三类：经验描述法，由决策者根据经验对客户进行类别划分；传统统计法，根据客户属性特征的简单统计来划分客户类别；非传统统计方法，即基于人工智能技术的非数值方法。聚类分析法兼有后两类方法的特点，能够有效完成客户细分的过程。

例如，客户的购买动机一般由需要、认知、学习等内因和文化、社会、家庭、小群体、参考群体等外因共同决定。按购买动机的不同来划分客户时，可以把前述因素作为分析变量，并将所有目标客户每一个分析变量的指标值量化出来，再运用聚类分析法进行分类。在指标值量化时如果遇到一些定性的指标值，可以用一些定性数据定量化的方法加以转化，如模糊评价法等。除此之外，可以将客户满意度水平和重复购买机会大小作为属性进行分类；还可以在区分客户之间差异性的问题上纳入一套新的分类法，将客户的差异性变量划分为五类：产品利益、客户之间的相互作用力、选择障碍、议价能力和收益率，依据这些分析变量聚类得到的归类，可以为企业制定营销决策提供有益参考。

以上分析的共同点在于都是依据多个变量进行分类，这正好符合聚类分析法解决问题的特点；不同点在于从不同的角度寻求分析变量，为某一方面的决策提供参考，这正是聚类分析法在客户细分问题中运用范围广的体现。

二、聚类分析在实验市场选择中的应用

实验调查法是市场调查中一种有效的一手资料收集方法，主要用于市场销售实验，即所谓的市场测试。通过小规模的实验性改变，以观察客户对产品或服务的反应，从而分析该改变是否值得在大范围内推广。

实验调查法最常用的领域：①市场饱和度测试。市场饱和度反映市场的潜在购买力，是市场营销战略和策略决策的重要参考指标。企业通常通过将消费者购买产品或服务的各种决定因素（如价格等）降到最低程度的方法来测试市场饱和度。或者在出现滞销时，企业投放类似的新产品或服务到特定的市场，以测试市场是否真正达到饱和，是否具有潜在的购买力。前述两种措施由于利益和风险的原因，不可能在企业覆盖的所有市场中实施，只能选择合适的实验市场和对照市场加以测试，得到近似的市场饱和度。②产品的价格实验。这种实验往往将新定价的产品投放市场，对顾客的态度和反应进行测试，了解顾客对这种价格的是否接受或接受程度。③新产品上市实验。波士顿矩阵研究的企业产品生命周期图表明，企业为了生存和发展往往要不断开发新产品，并使之向明星产品和金牛产品顺利过渡。然而新产品投放市场后的失败率却很高，大致为66%～90%。因而为了降低新产品的失败率，在产品大规模上市前，运用实验调查法对新产品的各方面（外观设计、性能、广告和推广营销组合等）进行实验是非常有必要的。

在实验调查方法中，最常用的是前后单组对比实验、对照组对比实验和前后对照组对比实验。这些方法要求科学地选择实验和非实验单位，即随机选择出的实验单位和非实验单位之间必须具备一定的可比性，两类单位的主客观条件应基本相同。

通过聚类分析可将待选的实验市场（商场、居民区、城市等）分成同质的几类小组，在同一组内选择实验单位和非实验单位，这样便保证了这两个单位之间具有了一定的可比性。聚类时，商店的规模、类型、设备状况、所处的地段、管理水平等就是聚类的分析变量。

聚类分析在抽样方案设计中的应用。抽样设计是市场调查中非常重要的一部分，它的合理性直接决定了市场调查结果的可信度。在抽样方案设计的步骤中，抽样组织形式的选择又是一个关键环节，它决定了样本对总体的代表性的高低。依据抽样误差由低到高的顺序排列，按照标志排队的等距抽样方式抽样误差最小，其次分别为分层抽样、按照无关标志排队的等距抽样、简单随机抽样、整群抽样和非随机抽样。结合资源的限制和操作的方便性进行综合选择，分层抽样在实践中的应用最为广泛。分层抽样又称类型抽样，

它是先将总体所有单位按照重要标志进行分组,然后在各组内按照简单随机抽样或等距抽样方式抽取样本单位的一种抽样方式。在分组时引入聚类方法,可以增强组别的合理性。

三、聚类分析在销售片区确定中的应用

销售片区的确定和片区经理的任命在企业的市场营销中发挥着重要的作用。只有合理地将企业所拥有的子市场归成几个大的片区,才能有效地制定符合片区特点的市场营销战略和策略,并任命合适的片区经理。聚类分析在这个过程中的应用可以通过一个例子来说明。某公司在全国有20个子市场,每个市场在人口数量、人均可支配收入、地区零售总额、该公司某种商品的销售量等变量上有不同的指标值,以上变量都是决定市场需求量的主要因素。把这些变量作为聚类变量,结合决策者的主观愿望和相关统计软件提供的客观标准,接下来就可以针对不同的片区制定合理的战略和策略,并任命合适的片区经理了。

四、聚类分析在市场机会研究中的应用

企业制定市场营销战略时,弄清在同一市场中哪些企业是直接竞争者,哪些是间接竞争者是非常关键的一个环节。要解决这个问题,企业首先可以通过市场调查,获取自己和所有主要竞争者在品牌方面的第一提及知名度、提示前知名度和提示后知名度的指标值,将它们作为聚类分析的变量,这样便可以将企业和竞争对手的产品或品牌归类。根据归类的结论,企业可以获得信息:企业的产品或品牌和哪些竞争对手形成了直接的竞争关系。通常,聚类以后属于同一类别的产品和品牌就是所分析企业的直接竞争对手。在制定战略时,可以更多地运用"红海战略"。在聚类以后,结合每一产品或品牌的多种不同属性的研究,可以发现哪些属性组合目前还没有融入产品或品牌中,从而寻找企业在市场中的机会,为企业制定合理的"蓝海战略"提供基础性的资料。

3.6 分类分析

3.6.1 决策树

决策树是在已知各种情况发生概率的基础上,通过构成决策树来求取净现值的期望值大于等于零的概率,评价项目风险,判断其可行性的决策分析方法,是直观运用概率分析的一种图解法。由于这种决策分支画成图形很像

一棵树的枝干，故称决策树。在机器学习中，决策树是一个预测模型，它代表的是对象属性与对象值之间的一种映射关系。

决策树是一种树形结构，其中每个内部节点表示一个属性上的测试，每个分支代表一个测试输出，每个叶节点代表一种类别。决策树是一种常用的分类方法。

3.6.2 朴素贝叶斯

朴素贝叶斯法是基于贝叶斯定理与特征条件独立假设的分类方法。最为广泛的两种分类模型是决策树模型（Decision Tree Model）和朴素贝叶斯模型（Naive Bayesian Model，NBM）。

和决策树模型相比，朴素贝叶斯分类器（Naive Bayes Classifier，NBC）发源于古典数学理论，有着坚实的数学基础，以及稳定的分类效率。同时，朴素贝叶斯分类器模型所需估计的参数很少，对缺失数据不太敏感，算法也比较简单。理论上，朴素贝叶斯分类器模型与其他分类方法相比具有最小的误差率。但是实际上并非总是如此，这是因为朴素贝叶斯分类器模型假设属性之间相互独立，这个假设在实际应用中往往是不成立的，这给朴素贝叶斯分类器模型的正确分类带来了一定影响。

3.6.3 神经网络

MP神经元有几个显著缺点。它把直线一侧变为0，另一侧变为1，不可微，不利于数学分析。人们用一个和0-1阶跃函数类似但是更平滑的函数Sigmoid函数来代替它（Sigmoid函数自带一个尺度参数，可以控制神经元对离超平面距离不同的点的响应，这里忽略它），从此神经网络的训练就可以用梯度下降法来构造了，这就是有名的反向传播算法。

3.7 时间序列分析

3.7.1 时间序列的概念、分类及组成要素

一、时间序列的概念

时间序列是指将某种现象某一个统计指标在不同时间上的各个数值，按时间先后顺序排列而形成的序列。时间序列法是一种定量预测方法，亦称简单外延方法。在统计学中作为一种常用的预测手段被广泛应用。时间序列分析（Time Series Analysis）在第二次世界大战前应用于经济预测。第二次世界

大战中和战后，在军事科学、空间科学、气象预报和工业自动化等部门的应用更加广泛。时间序列分析是一种动态数据处理的统计方法。该方法基于随机过程理论和数理统计学方法，研究随机数据序列所遵从的统计规律，以用于解决实际问题。

二、时间序列的分类

1. 绝对数时间序列

绝对数时间序列又称"总量指标数列"，是指将反映现象总规模、总水平的某一总量指标在不同时间上的观察数值按时间先后顺序排列起来所形成的数列。按其指标所反映时间状况的不同，绝对数时间序列又分为时期序列和时点序列。

时期序列是由时期总量指标排列而成的时间序列。

时期序列的主要特点如下：

①序列中的指标数值具有可加性。

②序列中每个指标数值的大小与其所反映的时期长短有直接联系。

③序列中每个指标数值通常是通过连续不断登记汇总取得的。

时点序列是由时点总量指标排列而成的时间序列。时点序列的主要特点如下：

①序列中的指标数值不具可加性。

②序列中每个指标数值的大小与其间隔时间的长短没有直接联系。

③序列中每个指标数值通常是通过定期的一次登记取得的。

2. 相对数时间序列

把一系列同种相对数指标按时间先后顺序排列而成的时间序列叫作相对数时间序列。

3. 平均数时间序列

平均数时间序列是指由一系列同类平均指标按时间先后顺序排列的时间序列。

三、时间序列的组成要素

一个时间序列通常由四种要素组成：趋势、季节变动、循环波动和不规则波动。

趋势：时间序列在长时期内呈现出来的持续向上或持续向下的变动。

季节变动：时间序列在一年内重复出现的周期性波动。它是诸如气候条件、生产条件、节假日或人们的风俗习惯等各种因素影响的结果。

循环波动：时间序列呈现出的非固定长度的周期性变动。循环波动的周期可能会持续一段时间，但与趋势不同，它不是朝着单一方向的持续变动，而是涨落相同的交替波动。

不规则波动：时间序列中除去趋势、季节变动和周期波动之后的随机波动。不规则波动通常总是夹杂在时间序列中，致使时间序列产生一种波浪形或震荡式的变动。只含有随机波动的序列也称平稳序列。

3.7.2 时间序列分析建模及用途

时间序列分析方法包括一般统计分析（如自相关分析、谱分析等），统计模型的建立与推断，以及关于时间序列的最优预测、控制与滤波等。经典的统计分析都假定数据序列具有独立性，而时间序列分析则侧重研究数据序列的互相依赖关系。后者实际上是对离散指标的随机过程的统计分析，所以又可看作随机过程统计的一个组成部分。例如，记录了某地区第一个月，第二个月，……，第 N 个月的降雨量，利用时间序列分析法，可以对未来各月的雨量进行预报。

随着计算机相关软件的开发，数学知识不再是空谈理论，时间序列分析主要是建立在数理统计等基础之上的，应用相关数理知识在相关方面的应用。

一、时间序列分析建模

用观测、调查、统计、抽样等方法取得被观测系统时间序列动态数据。

根据动态数据做相关图，进行相关分析，求自相关函数。相关图能显示出变化的趋势和周期，并能发现跳点和拐点。跳点是指与其他数据不一致的观测值。如果跳点是正确的观测值，则在建模时应考虑进去；如果是反常现象，则应把跳点调整到期望值。拐点则指时间序列从上升趋势突然变为下降趋势的点。如果存在拐点，则在建模时必须用不同的模型去分段拟合该时间序列，如采用门限回归模型。

辨识合适的随机模型，进行曲线拟合，即用通用随机模型去拟合时间序列的观测数据。对于短的或简单的时间序列，可用趋势模型和季节模型加上误差来进行拟合。对于平稳时间序列，可用通用自回归滑动平均模型（Autoregressive Moving Arerage Model，ARMA）及其特殊情况的自回归模型、滑动平均模型或组合-ARMA 模型等来进行拟合。当观测值多于 50 个时一般都采用 ARMA。对于非平稳时间序列则要先将观测到的时间序列进行差分运算，化为平稳时间序列，再用适当模型去拟合这个差分序列。

二、时间序列分析的主要用途

1. 系统描述

根据对系统进行观测得到的时间序列数据,用曲线拟合方法对系统进行客观的描述。

2. 系统分析

当观测值取自两个以上变量时,可用一个时间序列中的变化去说明另一个时间序列中的变化,从而深入了解给定时间序列产生的机理。

3. 预测未来

一般用 ARMA 拟合时间序列,预测该时间序列未来值。

4. 决策和控制

根据时间序列模型可调整输入变量使系统发展过程保持在目标值上,即预测到过程要偏离目标时便可进行必要的控制。

3.7.3 确定性时间序列分析

1. 移动平均法

移动平均法(Moving Average Method)是根据时间序列,逐项推移,依次计算包含一定项数的序时平均数,以此进行预测的方法。移动平均法包括一次移动平均法、加权移动平均法和二次移动平均法。

移动平均法是用一组最近的实际数据值来预测未来一期或几期内公司产品的需求量、公司产能等的一种常用方法。移动平均法适用于近期预测。当产品需求既不快速增长也不快速下降,且不存在季节性因素时,移动平均法能有效地消除预测中的随机波动,是非常有用的。移动平均法根据预测时使用的各元素的权重不同,可以分为简单移动平均和加权移动平均。

存货的计价方法是平均法下的另一种存货计价方法。即企业存货入库每次均要根据库存存货数量和总成本计算新的平均单位成本,并以新的平均单位成本确定领用或者发出存货的计价。

简单的举例来说,当一个企业购入原材料,以移动平均法计出成本。如果原有材料单价 a 元,数量 b,一次购入原材料实际单价 a_1 元,数量 b_1,那么当发出原材料时,计算发出成本的单价则为 $\dfrac{(ab + a_1 b_1)}{(b_1 + b)}$。相似地,如果期间又有购入原材料,则在下次发出原材料时其发出成本是上次发出后所余的总额与现购的总额再求一次单价。这可以看作一个移动的过程,所以叫移动平均法。

2. 指数平滑法

指数平滑法是生产预测中常用的一种方法,也用于中短期经济发展趋势预测,所有预测方法中,指数平滑法是用得最多的一种。简单的全期平均法是对时间数列的以往数据一个不漏地全部加以同等利用;移动平均法则不考虑较远期的数据,并在加权移动平均法中给予近期资料更大的权重;而指数平滑法则兼容了全期平均和移动平均所长,不舍弃以往的数据,但是仅给予逐渐减弱的影响程度,即随着数据的远离,赋予逐渐收敛为零的权数。

也就是说指数平滑法是在移动平均法基础上发展起来的一种时间序列分析预测法,它是通过计算指数平滑值,配合一定的时间序列预测模型对现象的未来进行预测。其原理是任一期的指数平滑值都是本期实际观察值与前一期指数平滑值的加权平均。

3. 趋势分析法

趋势分析法是通过对有关指标的各期对基期的变化趋势的分析,从中发现问题,为追索和检查账目提供线索的一种分析方法。例如,通过对应收账款的趋势分析,就可对坏账的可能与应催收的货款做出一般评价。趋势分析法可用相对数也可用绝对数。

3.7.4 随机性时间序列分析

系统中某一因素变量的时间序列数据没有确定的变化形式,也不能用时间的确定函数描述,但可以用概率统计方法寻求比较合适的随机模型近似反映其变化规律(自变量不直接含有时间变量,但隐含时间因素)。

1. 平稳随机时间序列分析

时间序列是指将某种现象某一个统计指标在不同时间上的各个数值,按时间先后顺序排列而形成的序列。平稳时间序列粗略地讲,一个时间序列如果均值没有系统的变化(无趋势)、方差没有系统变化,且严格消除了周期性变化,就称之是平稳的。

2. 非平稳时间序列分析

时间序列取自某一个随机过程,如果此随机过程的随机特征不随时间变化,则称过程是平稳的;如果该随机过程的随机特征随时间变化,则称过程是非平稳的。

第4章 大数据与信息安全

4.1 大数据安全面临的问题及其特征

4.1.1 大数据安全面临的问题

一、大数据遭受异常流量攻击

大数据所存储的数据巨大，往往采用分布式的方式进行存储，而正是由于这种存储方式，存储的路径视图相对清晰，而数据量过大，导致数据保护相对简单，黑客较为轻易利用相关漏洞，实施不法操作，造成安全问题。由于大数据环境下终端用户非常多，且受众类型较多，对客户身份的认证环节需要耗费大量处理能力。由于高级持续性威胁（Advanced Persistent Threat，APT）攻击具有很强的针对性，且攻击时间长，一旦攻击成功，大数据分析平台输出的最终数据均会被获取，容易造成较大的信息安全隐患。

二、大数据平台的信息泄露风险

在对大数据进行数据采集和信息挖掘的时候，要注重用户隐私数据的安全问题，在不泄露用户隐私数据的前提下进行数据挖掘。需要考虑的是，在分布计算的信息传输和数据交换时保证各个存储点内的用户隐私数据不被非法泄露和使用是当前大数据背景下信息安全的主要问题。同时，当前的大数据数据量并不是固定的，而是在应用过程中动态增加的，但是，传统的数据隐私保护技术大多是针对静态数据的，所以，如何有效地应对大数据动态数据属性和表现形式的数据隐私保护也是要注重的安全问题。大数据的数据远比传统数据复杂，现有的敏感数据的隐私保护是否能够满足大数据复杂的数据信息也是应该考虑的安全问题。

三、大数据的存储管理风险

大数据的数据类型和数据结构是传统数据不能比拟的，在大数据的存储平台上，数据量是非线性甚至是指数级速度增长的，各种类型和各种结构的数据进行数据存储，势必会引发多种应用进程的并发且频繁无序的运行，极易造成数据存储错位和数据管理混乱，为大数据存储和后期的处理带来安全隐患。当前的数据存储管理系统，能否满足大数据背景下的海量数据的数据存储需求，还有待考验。不过，如果数据管理系统没有相应的安全机制升级，出现问题后则为时已晚。

4.1.2 大数据安全的特征

一、移动数据安全面临高压力

社交媒体、电子商务、物联网等新应用的兴起，打破了企业原有价值链的围墙，仅对原有价值链各个环节的数据进行分析，已经不能满足需求。这需要借助大数据战略打破数据边界，使企业了解更全面的运营及运营环境的全景图。但是，这显然会对企业的移动数据安全防范能力提出更高的要求。此外，数据价值的提升会造成更多敏感性分析数据在移动设备间传递，一些恶意软件甚至具备一定的数据上传和监控功能，能够追踪到用户位置、窃取数据或机密信息，严重威胁个人的信息安全，使安全事故等级升高。在移动设备与移动平台威胁飞速增长的情况下，如何跟踪移动恶意软件样本及其始作俑者，分析样本相互间关系，成为移动大数据安全需要解决的问题。

二、网络化社会使大数据易成为攻击目标

在网络空间里，大数据是更容易被发现的大目标。一方面，网络访问便捷化和数据流的形成，为实现资源的快速弹性推送和个性化服务提供基础。正因为平台的暴露，使得蕴含着潜在价值的大数据更容易吸引黑客的攻击。另一方面，在开放的网络化社会，大数据的数据量大且相互关联，使得黑客成功攻击一次就能获得更多数据，无形中降低了黑客的进攻成本，增加了收益率。例如，黑客能够利用大数据发起僵尸网络攻击，同时控制上百万台傀儡机并发起攻击，或者利用大数据技术最大程度地收集更多有用的信息。

三、用户隐私保护成为难题

大数据的汇集不可避免地加大了用户隐私数据信息泄露的风险。由于数据中包含大量的用户信息，对大数据的开发利用很容易侵犯公民的隐私，恶意利用公民隐私的技术门槛大大降低。在大数据应用环境下，数据呈现动态特征，面对数据库中属性和表现形式不断随机变化，基于静态数据集的传统数据隐私保护技术面临挑战。各领域对于用户隐私保护有多方面要求，数据

之间存在复杂的关联和敏感性，而大部分现有隐私保护模型和算法都是仅针对传统的关系型数据，不能直接将其移植到大数据应用中。

四、海量数据的安全存储问题

随着结构化数据和非结构化数据量的持续增长以及分析数据来源的多样化，以往的存储系统已经无法满足大数据应用的需要。对于占数据总量80%以上的非结构化数据，通常采用NoSQL存储技术完成对大数据的抓取、管理和处理。虽然NoSQL数据存储易扩展、高可用、性能好，但是仍存在一些问题。例如，访问控制和隐私管理模式问题、技术漏洞和成熟度问题、授权与验证的安全问题、数据管理与保密问题等。而结构化数据的安全防护也存在漏洞，如物理故障、人为误操作、软件问题、木马和黑客攻击等因素都可能严重威胁数据的安全性。大数据所带来的存储容量、延迟、并发访问、安全、成本等问题，对大数据的存储系统架构和安全防护提出挑战。

五、大数据生命周期变化促使数据安全进化

传统数据安全往往是围绕数据生命周期部署的，即数据的产生、存储、使用和销毁。随着大数据应用越来越多，数据的拥有者和管理者相分离，原来的数据生命周期逐渐转变成数据的产生、传输、存储和使用。由于大数据的规模没有上限，且许多数据的生命周期极为短暂，因此，传统安全产品要想继续发挥作用，则需要及时解决大数据存储和处理的动态化、并行化特征，动态跟踪数据边界，管理对数据的操作行为。

六、大数据的信任安全问题

大数据的最大障碍不是在多大程度上取得成功，而是让人们真正相信大数据、信任大数据，这包括对别人数据的信任和自我数据被正确使用的信任。例如，近年来工资"被增长"、CPI"被下降"、房价"被降低"、失业率"被减少"，因百姓的切身感受与统计数据之间的差异以及国家和地方之间国内生产总值（GDP）数据严重不符，这都导致了市场对统计数据的质疑。同时，大数据的信任安全问题不仅指要相信大数据本身，还包括要相信可以通过数据获得的成果。但是，要让人们相信和信任通过大数据模型获得的洞察信息却并不容易，而证明大数据本身的价值比成功完成一个项目要更加困难。因此，构建对大数据的安全信任至关重要，这需要政府机构、企事业单位、个人等多方面共同建设和维护好大数据可信任的安全环境。

4.2 大数据信息安全风险因素识别

新技术带来了新的安全漏洞。新技术是一把双刃剑。信息技术之所以能够做到"引领",其根本还是通过新技术的应用,使得金融服务不断改善,更加快捷高效、贴近民众。但无论是 IT 服务商还是 IT 的应用方,为了迅速抢占市场获取商业利益,在新技术发展的初期往往将功能实现放在首要位置,安全性往往沦为次要考虑甚至是被忽略的地位。因此,新技术获得广泛应用后,大量新的漏洞呈现爆发趋势,严重威胁到系统安全。

传统安全手段无法有效应对新安全威胁。常见的安全防御手段主要针对传统业务和技术架构进行设计和部署,而新技术往往采用了新的架构,给业务模式带来了新变化。当业务和架构发生变化后,原有安全防御手段可能无法完全满足新环境下安全保障的需求。

新研发模式导致了更多的系统缺陷。自互联网金融元年以来,各大商业银行反应迅速,深入学习互联网思维,全身心投入互联网金融的研究和应用中。互联网思维以"用户体验"为中心,以对需求的快速响应抢占市场先机,并持续通过扩大客户群体和保持客户黏性获得优势市场地位。商业银行为了快速响应市场需求变化,需要改变现有的系统研发模式,缩短系统研发时间和流程。

4.2.1 大数据信息安全问题日益凸显

肆虐全球的"永恒之蓝"已告一段落,但网络安全的阴影恐怕并不能随着这一件事的终结而消失,潜藏在网络这把双刃剑背后的黑暗,怕是只会在日益增长的利益刺激下不断涌现,尤其是这种大规模的攻击行为,依旧足以令任何人心悸。

不只是这种技术病毒危害信息安全,层出不穷的网络犯罪更善于利用网民的心理特征,进行钱财诈骗,而且花样百出的陷阱设置,更是令人防不胜防。

不过在网络犯罪治理过程中,大数据分析日渐成为效用颇佳的工具,如政企协同催生的猎网平台,就是利用 360 多年积累的大数据进行了举报线索串并,为公安机关提供了不少助力。尽管目前侦破的案件和网络犯罪的总量相比,还只是九牛一毛,但这个开端毕竟是为维护网民的信息安全提供了又一条发展方向。

面对信息安全的共同问题,企业或者国家政府之间,进行大数据的开放与共享已成趋势,但是该如何保证大数据的安全正是人们面临的问题。

4.2.2 移动互联网/智能手机是个人信息泄露的重要渠道

移动电话和智能手机不仅可以收发信息打电话，还可以上网，正作为人们的主要通信工具不断发展。手机终端虽然可实现多种功能并且比计算机操作更简便，但在便利的同时也更容易泄露通信记录或当前位置。

一、通过电波塔确定位置信息

手机运营商通过现代的移动网络，可以从提供手机通信网的电波塔推算出用户的位置。因为使用的三角测量法是根据连接电波塔时电波强度来计算的，所以区域内电波塔越多精确度越高。由于在市区范围内可以高精度准确定位，所以一旦连接了手机通信网就无法避免运营商的追踪定位。

虽然原则上所有运营商都不公开这些信息，但有些情况下政府或警察等会要求运营商提供特定用户的即时位置或移动联网记录等信息。虽然有些是出于调查犯罪的需要，但据报道，2014年乌克兰共和国政府为了制作反政府主义者的名单曾要求手机运营商提供信息。不同国家对待运营商所掌握的用户信息的方式也不一样。

二、根据国际移动用户识别码的移动网络追踪

GSM、W-CDMA、CDMAOne、CDMA2000 的所有的手机用户都被分配了一个被称为"IMSI"（International Mobile Subscriber Identification Number，即国际移动用户识别码）的识别号码。通过可移动并可伪装成电波塔的"IMSI捕捉器"，可以监听储存在 SIM 卡中的 IMSI 信息，政府或技术强大的组织可以直接收集特定用户的位置数据。截至 2015 年，还没有出现可以对抗所有 IMSI 捕捉器的有效方法。但是，如果可能的话，通过终端设定关闭 2G 通信和漫游，可以防止一部分 IMSI 捕捉器的追踪。

三、通过 Wi-Fi、蓝牙确定用户端

智能手机在移动网络之外还增加了连接 Wi-Fi、蓝牙的功能。这种通信方法通常只能在"同一房间""同一建筑物"等短距离内使用。但 2007 年，委内瑞拉的一项实验成功实现了 382 km 远距离仍可以接收 Wi-Fi 信号。Wi-Fi、蓝牙信号都含有 MAC 地址，因为地址一旦设定就无法更改，所以这就意味着可以通过监听 Wi-Fi、蓝牙信号确定终端使用者。

现在已经存在一种商用追踪 App 软件，利用 Wi-Fi、蓝牙通信追踪并统计"特定的客人来店频率和滞留时间"信息。虽然从 2014 年开始，智能手机生产厂家就呼吁，要求重视 Wi-Fi、蓝牙追踪问题，但目前看来，要在所有手机终端上实施防追踪对策至少仍需要几年时间。非必要的时候将连接关闭，可以预防这种追踪。今后将 MAC 地址改为用户可以更改的设计也是很有必要的。

4.2.3 大数据带来的物联网应用的安全问题

根据物联网自身的特点，物联网除了面对移动通信网络的传统网络安全问题之外，还存在着一些与已有移动网络安全不同的特殊安全问题。这是由物联网是由大量的机器构成，缺少人对设备的有效监控，并且数量庞大，设备集群等相关特点造成的，这些特殊的安全问题主要有以下几个方面。

1. 物联网机器／感知节点的本地安全问题

由于物联网的应用可以取代人来完成一些复杂、危险和机械的工作。所以物联网机器／感知节点多数部署在无人监控的场景中。这样攻击者就可以轻易地接触到这些设备，从而对它们造成破坏，甚至通过本地操作更换机器的软硬件。

2. 感知网络的传输与信息安全问题

感知节点通常情况下功能简单（如自动温度计）、携带能量少（使用电池），使得它们无法拥有复杂的安全保护能力，而感知网络多种多样，从温度测量到水文监控，从道路导航到自动控制，它们的数据传输和消息也没有特定的标准，所以无法提供统一的安全保护体系。

3. 核心网络的传输与信息安全问题

核心网络具有相对完整的安全保护能力，但是由于物联网中节点数量庞大，且以集群方式存在，因此会导致在数据传播时，由于大量机器的数据发送使网络拥塞，产生拒绝服务攻击。此外，现有通信网络的安全架构都是从人通信的角度设计的，并不适用于机器的通信。所以使用现有安全机制会割裂物联网机器间的逻辑关系。

4. 物联网业务的安全问题

由于物联网设备可能是先部署后连接网络，而物联网节点又无人看守，所以如何对物联网设备进行远程签约信息和业务信息配置就成了难题。另外，庞大且多样化的物联网平台必然需要一个强大而统一的安全管理平台，否则独立的平台会被各式各样的物联网应用淹没，但如此一来，如何对物联网机器的日志等安全信息进行管理成为新的问题，并且可能割裂网络与业务平台之间的信任关系，导致新一轮安全问题的产生。

传统的网络中，网络层的安全和业务层的安全是相互独立的，就如同领导间的交流方式与秘书间的交流方式是不同的一样。而物联网的特殊安全问题很大一部分是由物联网是在现有移动网络基础上集成了感知网络和应用平台带来的，也就是说，领导与秘书合二为一了。因此，移动网络中的大部分机制仍然可以适用于物联网并能够提供一定的安全性，如认证机制、加密机制等。但还是需要根据物联网的特征对安全机制进行调整和补充。

信息安全意识薄弱带来的信息安全隐患包括：密码被盗；支付宝账户被盗；微信好友被骗；身份证信息被复制，导致滥用办信用卡；造成征信信用损失，不能办理各项贷款业务；等等。

4.3 大数据安全策略

4.3.1 寻找在结构上能够扩展的云安全解决方案

在大数据当中，结构的每一个组件都应该能够扩展，云安全解决方案也不例外。在选择云安全解决方案时，用户需要确保方案在所有跨地区云部署点中都能够发挥作用。此外，它们在大数据基础设施中必须要能够高效地扩展。表面上这并不涉及硬件问题。但是由于硬件安全模块（HSM）不具扩展能力并且无法灵活适应云模式，因此它们不适合大数据的使用案例。

为了获得必要的扩展性，建议使用专门针对云计算设计的云安全解决方案，它们的安全性可以等效（甚至超过）基于硬件的解决方案。

4.3.2 将敏感数据加密

数据加密将会为云基础设施建起一堵"虚拟的墙"。部署云加密措施被认为是首要步骤，但是它们并不适合所有的解决方案。一些加密解决方案需要本地网关加密，这种方案在云大数据环境下无法很好地工作，还有一些解决方案（如由云服务提供商对数据进行加密）会迫使终端用户信任那些拥有密钥的人，而这些本身就蕴藏着危险和弱点。

近期的一些加密技术，如分裂密钥加密，都非常适合云计算。用户在享受基础设施云解决方案提供的优势的同时又可以将密钥保存在自己手中，让密钥处于安全状态。为了能够让大数据环境获得最佳的加密解决方案，建议使用分裂密钥加密。

4.3.3 对数据安全永不妥协

虽然云安全通常十分复杂，但是用户在大数据部署当中还是会发现一些

"安全捷径"。这些"安全捷径"通常貌似能够回避一些复杂设置，同时保持大数据结构"不受伤害"。

一些客户可能会使用免费的加密工具，并将密钥存储在硬盘（这种做法非常不安全，可能会导致加密数据被暴露在任何有访问虚拟硬盘权限的人面前），有些客户甚至不采取加密措施。这些捷径并不复杂，但是很明显，它们并不安全。

在涉及大数据安全性时，用户应当根据数据的敏感程度进行分类，然后对它们采取相应的保护措施。在一些案例当中，并不是所有的大数据基础设施都是安全的，如果处于风险中的数据非常敏感或是属于管制数据，那么用户可能需要寻找替代方案。

4.3.4 实现最大程度的自动化

云安全架构无法轻易扩展这一因素导致大数据云计算机的研发受挫。传统加密解决方案需要硬件单元。毋庸置疑，硬件部署无法实现自动化。

为了让云安全策略尽可能地实现自动化，用户应当选择虚拟工具解决方案，而不是硬件解决方案。用户需要明白可用的应用程序编程接口（Application Programming Interface，API）（最好是闲置的应用程序编程接口）也是云安全解决方案的一部分。虚拟工具加上闲置的应用程序编程接口能够在云大数据使用案例中提供所需要的灵活性和自动化。

4.3.5 确定关键信息基础设施

我国关键基础设施保护工作正朝着规范化、体系化方向迈进。在后续工作中，有必要加强以下几方面工作。一是出台配套细则，明确行业主体责任。明确各行业的具体主体责任和牵头单位、具体负责部门，真正落实并发挥各行业的保护和监管作用。二是建立跨政府层级、跨企业、跨行业的联动协作机制。建立政府与行业、政府与企业、行业与企业以及各级政府之间、各级行业之间、各大企业之间的联动协作和共商协调机制，共享数据和信息资源。三是提升关键信息基础设施安全可控能力。大力推进自主可控技术研究力度，加大关键信息基础设施安全风险排查力度，杜绝关键基础设施和重要领域信息系统的操作系统、服务器、数据库"后门""漏洞"隐患和威胁。四是加快构建关键信息基础设施安全保障体系。针对关键信息基础设施所在的企业生产网、办公网、互联网，构建涵盖"发现—防御—响应—处置"于一体的安全保障体系，打造高水准的安全服务保障平台，提升关键信息基础设施整体安全防护能力。

4.4 大数据安全与政策法规建设

大数据从 2012 年进入大众的视野以来，一直受到人们的广泛关注，至今已进入了炒作的高峰，2016 年大数据概念逐步淡出技术概念的市场，这是国际趋势，而国内的大数据发展一直火热，在这个过程中，大数据产业的发展值得我们思考和反思。

我们的一些工作和理念是比较超前的，举例来说，笔者最近看到一个数据是某月全国有多少场马拉松大赛，笔者认为马拉松和大数据有点相似，我们现在很多人把马拉松理解为跑步，就像我们把信息化工作都归到大数据领域，这本身存在一定的问题。现在的大数据发展很热，但是我们对大数据发展的实际规律的认识还不足。从长远角度看大数据，它是影响人类发展的新生事物。现在是大数据时代，谁控制了数据谁就控制了一切，因为数据掌握了一切，在这个产业竞争领域，有好的数据，就能更精准地进行管理。"谁掌握了大数据资源，谁就掌握了主动权"，在这个背景下，从短期来看，大数据有过热炒作的苗头，从长期来看，大数据的价值还要进一步释放。

党中央国务院非常重视大数据的发展，十九大再一次对大数据相关工作提出了要求，提出"要推动互联网、大数据、人工智能和实体经济深度融合"，对传统产品的改造与数字的发展有更强的辐射带动作用。李克强总理也对大数据发展提出了一系列要求，2014 年他在公共系统整合的时候提到了大数据，提出来要认真研究大数据，利用大数据推进改革。随后李克强总理又提出了要强化部门信息，国务院办公厅印发 39 号文件《政务信息系统整合共享实施方案》中也明确提出来了。

从大数据发展来看，我国出台的与大数据相关的政策与发达国家的战略规划基本是同步的。美国 2012 年发布了大数据研发计划，2014 年制定了大数据白皮书，我国的"十三五"规划纲要也已明确把大数据战略提升到国家层面，我国已经成为数据大国，资源总量的占有量全球排名第二。

4.4.1 国外大数据安全相关举措

一、美国

为有效保护美国关键基础设施网络安全，美国总统奥巴马于 2013 年 2 月 12 日签署名为"提高关键基础设施网络安全"的 13636 号行政命令，扩大联邦政府与私营企业的合作深度与广度，以加强"关键基础设施"部门的网络安全管理与风险应对能力，提出由美国商务部牵头、国土安全部配合，指导美国国家标准技术研究院（直属美国商务部）开发降低关键基础设施信息与网络安全风险的框架，此框架应包括一套标准、方法、程序、政策以及安全威胁定位的业务流程和技术方法。

《提升关键基础设施网络安全的框架》是一套着眼于安全风险，应用于关键基础设施广阔领域的安全风险管控的流程。按照美国联邦政府相关行政指令，要求该文件的开发应基于一系列的工业标准和最佳实践来帮助组织管理网络安全风险。这个框架通过政府和私营部门的合作进行创建，并基于业务需要、以低成本方式、使用通用语言来处理和管理网络安全风险。

基于此目的，该文件的开发目的是形成一套适用于各类工业技术领域的安全风险管控的"通用语言"，同时为确保可扩展性与开展技术创新，此框架力求做到"技术中性化"，即第一依赖现有的各种标准、指南和实践，使关键基础设施供应商获得弹性能力；第二依赖全球标准、指南和实践（行业开发、管理、更新实践），实现框架效果的工具和方法将适用于跨国界，承认网络安全风险的全球性，并随着技术发展和业务需求而进一步发展框架。因此，从某种角度上来观察，该文件就是一份"用于关键基础设施安全风险管控的标准化实施指南"。

美国稳步实施"三步走"战略，打造面向未来的大数据创新生态。

美国是率先将大数据从商业概念上升至国家战略的国家，通过稳步实施"三步走"战略，在大数据技术研发、商业应用以及保障国家安全等方面已全面构筑起全球领先优势。

第一步快速部署大数据核心技术研究，并在部分领域积极开发大数据应用。2012年白宫科技政策办公室发布《大数据研究发展倡议》，以提升从海量和复杂数据中获取知识、挖掘价值的能力，进而推动加快科学与工程领域创新的步伐。第二步调整政策框架与法律规章，积极应对大数据发展带来的隐私保护等问题。2014年美国发布《大数据：把握机遇，守护价值》白皮书，再次重申要把握大数据为经济社会发展带来创新动力的重大机遇，同时也要高度警惕大数据应用带来的隐私、公平等问题，以积极、务实的态度深刻剖析可能面临的治理挑战。第三步强化数据驱动的体系和能力建设，为提升国家整体竞争力提供长远保障。2016年美国发布《联邦大数据研发战略计划》，形成涵盖技术研发、数据可信度、基础设施、数据开放与共享、隐私安全与伦理、人才培养以及多主体协同等7个维度的系统的顶层设计，打造面向未来的大数据创新生态。

特朗普就任美国总统后，对大数据应用及其产业发展持续关注，并督促相关部门实施大数据重大项目，构建并开放高质量数据库，强化5G、物联网和高速宽带互联网等大数据基础设施,促进数字贸易和跨境数据流动等。2017年4月美国能源部与退伍军人事务部联合发起"百万退伍军人项目(MVP)"计划,希望借助机器学习技术分析海量数据,以改善退伍军人的健康状况。2017年9月医疗保健研究与质量局发布美国首个可公开使用的数据库,其中包括全美600多个卫生系统。白宫科技政策办公室一直积极与他国展开合作,以预防数字经济监管障碍、促进信息流动和反对数字本地化等。

二、英国

英国紧抓大数据产业机遇,应对脱欧后的经济挑战。

大数据发展初期,英国在借鉴美国经验和做法的基础上,充分结合本国特点和需求,加大大数据研发投入、强化顶层设计,聚焦部分应用领域进行重点突破。近期英国特别重视大数据对经济增长的拉动作用,密集发布《数字战略2017》《工业战略:建设适应未来的英国》等,希望到2025年数字经济对本国经济总量的贡献值可达2 000亿英镑(1英镑=8.788 1元),积极应对脱欧可能带来的经济增速放缓的挑战。

2012年,英国便将大数据作为八大前瞻性技术领域之首,一次性投入1.89亿英镑用于相关科研与创新,大数据在八大领域投入总额中占比高达38.6%,远超其余7个领域。随后,英国将全方位构建数据能力上升为国家战略,于2013年发布《把握数据带来的机遇:英国数据能力战略规划》,提出人力资本(研发人才与善于运用数据的民众)、基础设施和软硬件开发能力,以及丰富开放的数据资产是发展大数据的核心,事关能否在未来竞争中占据领先优势。该规划同时提出了11项具体行动部署,短短两三年便释放出巨大的数字潜力。从2010—2015年,数字经济对英国经济增加值的贡献增长了21.7%,超过了同期经济增加值增长率的17.4%,2015年数字经济规模为1 180亿英镑,在经济增加值中的占比超过了7%,其中数字商品和服务出口总值超过500亿英镑。

为从数据中挖掘出更大的价值,创造并维护一个能够保持更多收益和增长的经济体系,同时让全社会都能从中收益,英国政府在2017年3月提出了新时期发展数字经济的顶层设计《数字战略2017》。新战略中提出七大目标及相应举措,特别是对各个目标都提出了更高标准的要求:一是打造世界一流的数字基础设施;二是使每个人都能获得所需的数字技能;三是成为最适合数字企业创业和成长的国家;四是推动每一个企业顺利实现数字化、智能化转型;五是拥有最安全的网络安全环境;六是塑造平台型政府,为公众提供最优质的数字公共服务;七是充分释放各类数据的潜能的同时解决好隐私和伦理等问题。

2017年11月,英国面向全社会发布《工业战略:建设适应未来的英国》白皮书,强调英国应积极应对人工智能和大数据、绿色增长、老龄化社会以及未来移动性等四大挑战,呼吁各方紧密合作,促进新技术研发与应用,以确保英国始终走在未来发展前沿,实现本轮技术变革的经济和社会效益最大化。为此,2018年4月底英国专门发布《工业战略:人工智能》报告,立足引领全球人工智能和大数据发展,从鼓励创新、培养和集聚人才、升级基础设施、优化营商环境以及促进区域均衡发展等五大维度提出一系列实实在在的举措。

三、韩国

韩国以大数据等技术为核心应对第四次工业革命。

多年来,韩国的智能终端普及率以及移动互联网接入速度一直位居世界前列,这使得其数据产出量也达到了世界先进水平。为充分利用这一天然优势,韩国很早就制定了大数据发展战略,并力促大数据担当经济增长的引擎。2016年底,韩国发布以大数据等技术为基础的《智能信息社会中长期综合对策》,以积极应对第四次工业革命的挑战。

2013年12月,韩国多部门便联合发布"大数据产业发展战略",将发展重点集中在大数据基础设施建设和大数据市场创造上。2015年年初,韩国给出全球进入大数据2.0时代的重大判断,大数据技术日趋精细、专业服务日益多样,数据收益化和创新商业模式是未来大数据的主要发展趋势。基于此,在同年发布的《K-ICT》战略中,韩国将大数据产业定义为九大战略性产业之一,目标是到2019年使韩国跻身世界大数据三大强国。韩国还非常注重对他国经验的借鉴,2015年5月中国发布《大数据发展调查报告》后,韩国专门对中国与韩国大数据应用情况进行了比较分析,并聚焦韩国大数据应用水平与大数据市场不协调的问题,提出了一系列新举措。

全球第四次工业革命浪潮的到来,倒逼韩国重新审视本国智能制造和信息技术的发展,并于2016年底提出《智能信息社会中长期综合对策》,将大数据及其相关技术界定为智能信息社会的核心要素,并提出具体的发展目标与举措。

一是充分挖掘数据资源价值,强化未来竞争力源头。构筑开放共享的大规模数据基础设施,到2025年实现320个公共机构的数据开放;促进数据流通和使用,激活数据交易市场,推动公共和民间数据,实现以价值为导向的交易;激活数据分析企业,到2020年数据专业服务企业规模达到100家;培养大数据专业人才,将培养的数据科学家从2017年的500名增长到2030年的 1 000 名；发展区块链技术，提高数据管理可靠性等。二是筑牢大数据技术基础。加强数学方法论研究，长期稳定支持新型学习推断、量子计算、神经形态芯片等下一代计算技术研究，推动科研大数据开放共享，推进产业数据中心建设，强化产学研合作共同研发产业共性技术等。三是面向数据服务需求，构筑超连接网络环境。确保频率资源供应，有序推进 5G 商用化进程，实现大规模机器间通信，实现不同业务网络之间的实时超连接；推动通信运营商体系优化，摒除后发企业进入运营行业的壁垒；进一步强化物联网和云计算基础设施并充分利用智能传感器数据；分阶段引进量子通信与安全网络等。

4.4.2 树立隐私价值观

大数据为人们描绘出一幅信息通畅、高效便捷的美好景象，但背后的交易市场仍处于初期粗放阶段。在大数据上升为国家战略的背景下，数据交易迎来市场和政策的双重机遇，但宽松的监管、用户对隐私的忽视，使数据市场乱象丛生。如何做到管理与保护并重，是必须直面的课题。

一、单击"同意"，隐私已经泄漏

当人们使用手机的时候，或者是接受某种服务的时候，都会有诸如单击"允许"或者"同意"的命令，这时会发现在其中都会有一条信息，收集用户的公开信息、头像、好友等，如果拒绝，就接受不了这种服务，这样就违反了平等原则。如果这个服务没有可替代性，而且是刚需的服务（无条件兑付），我们必须牺牲我们的个人信息。这样在无形当中，我们在接受此服务的时候，是以我们的个人信息作为代价的。

这种程序的设计，就是违法的，为什么违法？因为其没有给客户一个选择权，我们应该有选择同意的权利，也有选择拒绝的权利。再就是它违反了知情权，它应该告知我们。即使我们允许或同意，也应该事先要告知所收集的信息，要干什么？同时提供服务的主体，也没有尽到告知的义务和风险提示。而对于收集信息的主体，目前我们国家现有的法律制度，实际上都有规定，所以这种程序的设计就是知法犯法。

二、以为的精准推送可能是精准"杀熟"

网络社会在做营销的时候，与传统的营销场所和场景是不同的，网络营销更隐蔽，可以一对一。通过数据能分析出用户个人的喜好、个人的需求以及需求的欲望，以及用户的财力、对价格的敏感性，这些都分析得非常透彻。

技术达到之后，网络营销可以精准推送，别人不知道A推送给B的价格，B不知道A推送给别人的价格，这种现象现实当中确实是有的。

4.4.3 制定大数据信息安全法律法规

一、政务信息资源共享管理暂行办法

《政务信息资源共享管理暂行办法》中对政务数据有一个定义，政务信息资源就是一个动态的扩张，因为政务数据会随着政府治理的问题演进，而催生新的政务数据。另外，政务数据是政府可以高度管控和推进的，把政府数据拿出来非常困难。多年前统计局和一些巨头在商量这个问题，最后的结果是都不会开放的，这是在强调政务数据的价值。

目前正在推进的政务信息整合的政策、国家安全法等一系列的法规要求中，政务数据存在很多问题，关键是要保证政策的衔接和落实，要抓住关键问题然后想办法解决落实。《政务信息资源共享管理暂行办法》是操作性比较强的文件，就是说我们现在缺少的不是理念，而是缺少推进落实的具体政策。

现在正在推进政务信息整合共享工作，从脉络看上是源于国务院第152次常务会议，随后出台了《政务信息系统整合共享实施方案》，后来又相应出台了具体的工作方案，原来是分两个阶段，2017年底和2018年初，现在要尽快见效、抓紧推动。

从进展情况及技术支撑的角度来看，现在政务系统中心正在建立中，共享交换平台和政府共享网站能力也在不断地完善，目前已经实现了74个部门接入外网，30个部门接入内网，关键是一些标杆工程的制度逐步理清，重点领域的问题逐步强化。有个形象的例子是四川地震期间，通过整合共享信息资源，快速地确定了元素。

数据摸底工作目前已累计汇总信息资源目录28 173项，可共享目录占96%，可开放目录占52%，这些数据还在不断变化中。

后续的要求是要重点抓好部门内部政务信息系统整合工作，各级统一的数据交换平台对接。共享交换平台是一个全国性的体系，需要各省资源平台的支撑。重点领域是数据共享的协同应用的示范、政务信息化项目审批与运行经费统筹管理、电子政务服务采购制度建设等方面工作，避免出现边整合共享边新建孤岛的问题。推进政务信息系统整合一定是存量和增量同步推进的过程。

二、"十三五"国家政务信息化工程建设规划

首先这个规划有一个传承关系,其次整个共享着重解决存量问题,规划侧重解决未来的增量问题,目前要取得阶段性的成效,要构建可持续的顶层架构,形成一个可持续长效的机制,要程序推进,就要做好这两项工作的衔接工作。

《"十三五"国家政务信息化工程建设规划》中,将理念创新定义为"两个着力点""三个面向""四个坚持"。"两个着力点",一个是治理创新,一个是服务创新,治理创新就是政府能够提供什么样的制度和环境,主要是跨领域综合调控治理一体化的公共安全治理;服务创新一方面侧重对法人主体的市场监管和服务,另一方面侧重自然人的制度。"三个面向"指的是面向时代发展主题,面向改革治理需要,面向社会公众期望。"四个坚持"就是坚持一个战略引领,政府信息化工作的主引领是按照网络强国的战略总体部署的,目标是要形成国家治理体系和治理能力现代化相适应的政府信息化体系。

4.4.4 大数据时代个人信息的法律保护

进入大数据时代之后,用户数据愈发暴露在"阳光下",我们可以清楚地看到,用户在互联网上的一些行为几乎都会被服务提供方知晓,这些多维度数据结合起来,几乎可以构建出关于一个互联网原住民的一切信息。

近年来屡次发生的侵害个人数据案件和电信诈骗案件表明,虽然当事人一方损失巨大,社会影响很广,但被侵权方很少有人对相关企业与个人提起诉讼。其原因可能是取证、时间耗费等诉讼成本过高,阻碍了权利的救济。中国社会科学院信息化研究中心秘书长姜奇平认为,除了技术上带来的监管难题,立法滞后也使监管处于无法可依的状态。

不管人们是否愿意,我们的个人数据正在不经意间被动地被企业、个人搜集并使用。一项网民调查显示,90%的被访网民表示曾遭遇个人信息泄露,网络已成为人们日常生活的一部分,但它背后总有一只"看不见的手"在无时无刻地盯住个人数据,它通过用户的网页浏览、网购偏好、社交网络交友信息、微博关注、手机位置服务等日常应用搜索各种数据,其目的无非是利用这些数据攫取商业利益。随着互联网的普及及技术的发展,无论是围绕企业的销售,还是公共事业,以及个人情况,都变成了以各种形式存储的数据。

当网络成为一种普遍的生活方式后,个人数据的流动性与暴露风险大大增加了,而大数据则将潜在的风险发展到极致。为应对前所未有的新风险,

需要完善个人数据保护的法律体系。我国目前已经初步建立起有关个人信息和隐私权保护的法律体系，包括刑事、民事和行政法律体系，目前缺乏的是全面系统的专门性立法，也就是说，需要制定个人信息保护法来平衡信息自由流动和个人信息保护。

一方面，规定个人信息监管机构的组成、职责、救济途径以及法律责任，界定个人信息保护主体的义务，如告知、公开、保存个人信息的义务等；另一方面，确立诸如目的明确、利益平衡等个人信息保护的基本原则，规定信息主体的权利，如决定权、知情权、信息获取权、更正权、封锁权、删除权以及获得救济权等。

大数据时代是新技术发展的必然，不管接受与否，我们现在已经进入了大数据时代。面对这个技术带来的"双刃"，如何去保护个人信息安全？一方面，立法部门需要使法律更加具体和细化，其反应机制也应该越来越快，为监管部门提供及时有效的监管依据。另一方面，需要借鉴他国立法经验，以及各国政府之间的合作，共同保护信息安全。

在大数据时代，服务商在用大数据带来商业利益的同时，要知道保护用户个人信息安全，这既是服务商不可推卸的法律责任，也是企业的重要社会责任。

第 5 章　基于二部图网络的电子商务推荐算法研究

二部图网络推荐算法是近几年研究较多的推荐算法,但在进行资源分配时都是基于全部用户的资源,大量不相干的用户使得用户间的耦合度下降,影响推荐质量。针对该问题,本章利用蚁群聚类算法基于用户进行聚类,后根据项目一定半径内的项目集合进行二部图网络推荐,实验结果显示在一定条件下该算法相比原来算法有较好的推荐性能,表明该算法在一定的条件下能降低耦合度过低的影响。

5.1　推荐算法概述

推荐算法是计算机专业中的一种算法,通过一些数学算法,推测出用户可能喜欢的东西,目前应用推荐算法比较好的地方主要是网络,其中淘宝做的比较好。所谓推荐算法就是利用用户的一些行为,通过一些数学算法,推测出用户可能喜欢的东西。推荐算法主要分为以下 5 种。

5.1.1　基于内容的信息推荐算法

基于内容的信息推荐算法的理论依据主要来自信息检索和信息过滤,所谓的基于内容的信息推荐算法就是根据用户过去的浏览记录来向用户推荐用户没有接触过的推荐项。主要从两个方法来描述基于内容的信息推荐算法:启发式的方法和基于模型的方法。启发式的方法就是用户凭借经验来定义相关的计算公式,然后再根据公式的计算结果和实际的结果进行验证,最后再不断修改公式以达到最终目的。而基于模型的方法就是根据以往的数据作为数据集,然后根据这个数据集来制定出一个模型。一般的推荐系统中运用到的启发式的方法就是使用 tf-idf 的方法来计算,计算出这个文档中出现权重比较高的关键字作为描述用户特征,并使用这些关键字作为描述用户特征的向量;然后再根据被推荐项中的权重高的关键字来作为推荐项的属性特征,最后再将两个向量最相近的项(与用户特征的向量计算得分最高)推荐给用户。在计算用户特征向量和被推荐项的特征向量的相似性时,一般使用的是余弦方法,计算两个向量之间夹角的余弦值。

5.1.2 基于协同过滤的推荐算法

基于协同过滤的推荐算法理论上可以推荐世界上的任何一种东西。图片、音乐样样可以。此推荐算法主要是通过对未评分项进行评分 预测来实现的。不同的协同过滤之间也有很大的不同。

基于用户的协同过滤推荐算法基于一个这样的假设"跟你喜好相似的人喜欢的东西你也很有可能喜欢"。所以基于用户的协同过滤主要的任务就是找出用户的最近邻居,从而根据最近邻居的喜好做出未知项的评分预测。这种算法主要分为三个步骤:

①用户评分。可以分为显性评分和隐形评分两种。显性评分就是直接给项目评分(如给百度中的用户评分),隐形评分就是通过评价或是购买的行为给项目评分(如在有啊购买了什么东西)。

②寻找最近邻居。这一步就是寻找与自己距离最近的用户,测算距离一般采用三种算法:皮尔森相关系数、余弦相似性、调整余弦相似性。调整余弦相似性效果会更好一些。

③推荐。产生了最近邻居集合后,就根据这个集合对未知项进行评分预测。把评分最高的 N 个项推荐给用户。这种推荐算法存在性能上的瓶颈,当用户数越来越多的时候,寻找最近邻居的复杂度也会大幅度增长。

因而这种推荐算法无法满足及时推荐的要求,基于项的协同过滤解决了该问题。基于项的协同过滤推荐算法与基于用户的协同过滤推荐算法相似,只不过第二步改为计算项之间的相似度。由于项之间的相似度在线下进行比较稳定,所以解决了基于用户的协同过滤推荐算法存在的性能瓶颈。

5.1.3 基于效用的推荐算法

基于效用的推荐(Utility-based Recommendation)算法是建立在对用户使用项目的效用情况上的,其核心问题是怎样为每一个用户去创建一个效用函数,因此,用户资料模型很大程度上是由系统所采用的效用函数来决定的。基于效用推荐的好处是它能把非产品的属性,如提供商的可靠性(Vendor Reliability)和产品的可得性(Product Availability)等考虑到效用计算中。

5.1.4 基于知识

基于知识的推荐(Knowledge-based Recommendation)算法在某种程度上可以看成一种推理技术,它不是建立在用户需要和偏好基础上推荐的。基于知识的推荐算法因其所用的功能知识不同而有明显区别。效用知识(Functional Knowledge）是一种关于一个项目如何满足某一特定用户的知识，因此能解释需要和推荐的关系，所以用户资料可以是任何能支持推理的知识结构，可以是用户已经规范化的查询，也可以是一个更详细的用户需要的表示。

5.1.5 基于关联分析的推荐算法

基于关联分析的推荐（Association Rule-based Recommendation）算法是以关联分析为基础，把已购商品作为规则头，规则体为推荐对象。关联分析挖掘可以发现不同商品在销售过程中的相关性，在零售业中已经得到了成功的应用。关联分析就是在一个交易数据库中统计购买了商品集 X 的交易中有多大比例的交易同时购买了商品集 Y，其直观的意义就是用户在购买某些商品的时候有多大倾向去购买另外一些商品。如购买牛奶的同时很多人会同时购买面包。

首先，关联分析的发现最为关键且最耗时，是算法的瓶颈，但可以离线进行。其次，商品名称的同义性问题也是关联分析的一个难点。

5.2 基于二部图网络的推荐算法概述及其改进

5.2.1 复杂网络的演化过程

复杂网络，是指具有自组织、自相似、吸引子、小世界、无标度中部分或全部性质的网络。近年来复杂网络中的合作行为已经在物理、数学和经济学等领域成为研究的热点，并且在许多方面都已经获得了非常成功的应用，小到个人与个人、大到国家与国家之间都有一定程度的合作关系。什么样的网络结构以及所采用的策略能够提高个体间相互合作的能力是许多科学家们所关注的问题。本书研究了在不同的度分布下，随机增长网络的囚徒困境模型和铲雪模型个体间合作行为的时间关联问题。首先，我们研究了基于囚徒困境模型博弈策略，在平均度 $z=2$ 的树状和平均度 $z=4$ 的带有环状的随机增长网络下个体间的合作行为。我们发现，随着时间 t 的演化，网络的合作频率 f_c 经过一段时间振荡后最终趋于稳定。随着网络的连接核心 $A_k=k^\gamma$ 中的指数 γ 不同，网络的合作频率 f_c 也在发生着变化。在平均度 $z=2$ 的树状随机增长演化网络中，$\gamma=1.25$ 时，其合作行为最有竞争力，也就是说，无标度网络的合作行为此时并不是最优的。当演化网络的合作频率 f_c 与时间 t 的关联很弱时，即合作频率 f_c 在短时间内达到稳定值，合作频率 f_c 与背叛诱惑参量 b 有关。随着背叛值 b 的加大，合作频率 f_c 降低。当合作频率 f_c 与时间 t 的关联很强时,即合作频率f_c在长时间内达到稳定值,这时发现合作频率f_c与背叛诱惑参量b无关,网络结构将决定整个复杂网络的合作行为。在模拟平均度$z=4$的带有环状的随机增长网络的合作行为时,发现在$\gamma=1.0$时,其合作行为最有竞争力,也就是说,无标度网络的合作行为此时是最优的。同时我们发现初始网络策略的不同分布并不影响整个网络的最终的合作行为。其次,我们基于铲雪模型博弈策略,研究了在平均度$z=2$的树状和平均度$z=8$的带有环状的随机增长网络下个体间的合作行为。我们发现了类似的结果,在平均度$z=2$的树状的随机增长网络下,γ在1.2附近时,网络的合作行为是最优的;在平均度$z=8$的带有环状的随机增长网络中,仍然是γ在1.0时网络的合作行为最具有竞争力。我们的结果不仅具有一定的理论意义,而且在实际中也有一定的应用价值。

5.2.2 二部图网络简介

二部图又称作二分图,是图论中的一种特殊模型。设$G=(V,E)$是一个无向图,如果顶点V可分割为两个互不相交的子集(A,B),并且图中的每条边(i,j)所关联的两个顶点i和j分别属于这两个不同的顶点集(i in A, j in B),则称图G为一个二部图。

5.2.3 基于二部图网络推荐算法的改进

基于二部图网络结构的推荐算法得到了越来越多的关注。原始的基于二部图网络结构的推荐算法只判断用户是否选择过项目,并没有考虑其他有价值的可用于提升推荐效果的信息,而且该算法只在本地进行算法评价,并没有在大数据平台上进行验证。针对这些问题,采用用户的点击、收藏、加入购物车和购买四种行为构造用户对商品的评分系统,考虑了数据的时间特征,对各个系数采用遗传算法进行了优化,并且对算法中的矩阵相乘进行了优化。最后采用天猫的真实数据进行实验。实验结果表明,改进后的算法能够在数据量较低的时候提高推荐准确性,但在天猫海量数据下二部图算法仍然很难应用。

第6章 基于位置的社交网络好友推荐算法研究

6.1 概 述

社交网络日趋活跃，基于社交网络的推荐成为电子商务推荐系统研究的热点领域之一；如何利用社交网络数据为用户进行物品推荐，是基于社交网络的推荐算法的研究重点。对社交网络的定义、社交网络数据的分类进行概述，研究基于领域的社会化推荐和基于图的社会化推荐算法；结合实际推荐系统对社会化推荐算法进行改进设计。

我们平时只计算用户的关系亲密度，如两者的 SNS 互动次数、媒介场景关系度、地理位置相关度，这些都很依赖用户之间的活跃程度。后来又有人提出好友的好友、圈子、共同兴趣、共同话题等方面进行研究。实际场景中我们也会结合 "社交" 和 "兴趣" 两点平衡，找到一个比较融合的权衡，推荐用户感兴趣的内容。

社交网络中的推荐问题可以分为两大类：

一类是利用用户的社交网络来给用户推荐朋友，只需要社交网络用户的关系数据，即社交网络分析中的链接预测，也叫朋友推荐，核心算法可参看社交网络分析中经典的链接预测算法，如基于相似性的链路预测方法。

一类是利用社交信息来进行物品的推荐。通过在传统推荐算法的基础上融合社交边信息来提升用户的推荐性能，它基于这样的假设：用户的偏好很容易受到社交朋友的影响，即用户的偏好很大程度上与他的社交朋友类似。经典的社会化推荐算法有启发式的方法：TidalTrust、MoleTrust 等，以及基于模型的方法：SoRec、SocialMF、SoReg 以及 TrustSVD 等。

6.2 基于位置的社交网络

由社交网络的众多研究成果可知，基于位置的社交网络（Location Based Social Network，LBSN）的正式定义可做如下表述：在现存的社交网络中加入位置因素，以便社会结构中的人们可以共享嵌入位置的信息，而且其中还包含一种新的社会结构,这种新的结构基于人们在物理世界中由位置信息推出的相关性。物理位置分为特定时间下的即时位置和累计一个时间段的历史位置两种情况。用户之间的相关性既包括两个人同时出现在相同的物理位置或者共享类似的历史位置,也包括从位置历史或地理标记的数据得出的共同兴趣、行为或活动。

基于位置的社交网络的研究原理:用户和位置是基于位置的社交网络密切相关的两个主题。用户访问物理世界中的某些位置,留下相应的位置历史并产生位置标记的媒体内容,如果将这些位置按照时间关系连接起来,就会得到每个用户的轨迹。基于这些轨迹,能够建立三个图:位置—位置图、用户—位置图和用户—用户图,在位置—位置图中,节点表示位置,有向边描述用户在一次旅行中连续访问这些位置,边的权值表示位置之间的相关性。在用户—位置图中,有用户和位置两种节点,用户到位置的边描述用户访问过这个位置,权值表示访问的次数。在用户—用户图中,节点表示用户,边可以表示两层含义,一层是现存社交网络中的原始链接,如好友关系,另一层是从人们的位置信息中推出的新的相似性,也就是用户在物理世界中对同一位置或类似位置的访问次数超过一定数量,可通过推荐机制而将其转换成前一种。

基于位置的社交网络通过在社交网络中加入位置维度,将社交网络带回现实,缩小了物理世界和在线社交网络的差距,改善了社交网络的服务效果。本书针对基于位置的社交网络的研究现状进行了全面分析和总结。

一、基于位置的社交网络的服务

目前出现了各种各样的基于位置的社交网络,在这些网络中,位置是用户情景中的重要元素。根据网络中不同形式的位置信息,大体上可以将基于位置的社交网络的服务分成两类。

1. 由媒体内容表示位置信息

该类网络的典型代表就是弗里克,通过对其的阐释剖析来展现这一类网络的性质特点。弗里克中,用户向网络服务上传其私人图片,这些图片是带有地理位置标记的,通过将照片贴上标签或说明,来给其他用户做参考。用户还可以将朋友或家人添加为联系人,也可以建立或加入一个组群来进行经验交流。

从这类网络中直接提取到的位置信息是基于地理标记的媒体内容,用户将在物理世界中产生的、带有地理标记的内容添加到网络中,如文字、照片或视频,而且用户也可以浏览、评价这些内容。通过从这些媒体内容提取到的位置信息和时间信息，可以扩展人们的社会结构，如添加好友。但这类网络服务的焦点仍然是媒体内容，位置只是组织和丰富媒体内容的一个特征，用户间的主要相关性仍然是基于媒体内容本身的。

2. 由位置点表示位置信息

该类网络即以 Foursquare 为例。在 Foursquare 中，主要针对手机用户，通过"签到"来记录用户的所在位置，如百货公司、餐厅、博物馆，并通过积分、勋章等荣誉激励机制鼓励用户"签到"，在网站上共享用户当前的位置及评价，以便在物理世界中的人们能够参考这些评价，以及组织集体活动。

从这类网络中直接提取到的位置信息是基于位置点的信息，用户通过在特定地点进行"签到"来分享其当前位置，如餐馆或博物馆，有了这些即时位置，用户就能从社交网络中发现处于附近范围内的朋友，从而进行一些社会活动。用户也可以通过对这些位置进行评论来给其他用户提供建议。从这类网络中提取出的用户"签到"的位置信息和时间信息是决定用户相关性的主要元素。

3. 由轨迹表示位置信息

GeoLife 作为该类网络的代表，主要是由手机或位置获取设备，通过经纬度和时间表示的轨迹形式，记录用户户外活动行程的详细信息，这些活动既包括用户的日常生活如工作、回家，也包括娱乐活动和体育活动，如购物、参观、远足、骑车等。

从这类网络中直接提取到的位置信息是基于轨迹的信息，既关注位置点，又关注连接这些位置点的详细路径，如由经纬度坐标和时间组成的 GPS 轨迹。这些轨迹不仅描述了用户活动的详细信息，如距离、持续时间、速度，还通过有关轨迹的标签、照片等信息体现了用户经验。此类网络中用户的相关性是由轨迹本身体现的。

二、基于位置的社交网络的应用

随着基于位置的社交网络越来越流行，在其上开发的应用也日益增多。由于用户和位置是基于位置的社交网络中的主要元素，本书即从用户和位置的角度对这些应用展开分析总结。

1. 基于用户的应用

从面向用户的角度，基于用户相似性、用户隐私和用户行为等方面，基于位置的社交网络上的应用主要包括以下五类。

（1）好友推荐

衡量用户之间的相似性，并根据相似性高的用户也可能会有共同兴趣和爱好的推断，即可给特定用户推荐与其相似性高的用户作为好友。通过对地理空间的位置轨迹进行处理，建立一个能够统一描述用户行为的层次结构，每个用户对应这一结构都有自己的层次图，并根据不同用户的层次图来计算彼此之间的相似性。也可将地理空间的轨迹表示成语义空间的种类轨迹，在语义轨迹的基础上建立统一描述用户行为的层次结构，每个用户都有自己的层次图，再根据层次图来计算用户相似性。

（2）专家发现

用户对不同的事物有不同的了解，专家则是对一个区域非常了解的用户，其经验和意见对其他用户也将具有极大的参考价值。在将用户位置信息表示成统一结构的基础上，可根据超文本敏感标题搜索（Hypertext Induced Topic Search，HITS）模型，将用户对应成枢纽（Hub）节点，而将位置对应成权威（Authority）节点，由此计算用户的经验值和位置的流行度，并将用户经验值较高的用户定义为专家进行推荐。

（3）群体挖掘

将所有用户分为不同的团体，可以方便活动相似、兴趣相投的用户进行群体活动。通过计算用户在地理空间的相似性将用户分成不同的群体，如在一个单位工作的人、在同一小区居住的人。而将用户轨迹描述在语义空间，如电影院、博物馆，也可通过计算用户在语义空间的相似性，将用户分成不同的群体，如参加同一社团的人。提出选择与特定地点距离较近并且关系密切的用户群体的问题，将该问题形式化并证明该问题是很难的，同时也提出了解决该问题的有效算法，并进一步通过剪支技术建立新的索引结构来提高效率。

（4）隐私保护

基于位置的社交网络中提供的用户移动信息和用户个人信息创造了巨大的商业潜力，但这些商业潜力由于用户对个人隐私的关心可能会被掩盖。根据效益分析，在商业公司要求用户提供个人信息时，评估这些信息可能带来的结果，从而让用户根据结果做出相应的决定，这将涉及推式和拉式的基于位置的社交网络服务。

（5）行为分析

根据用户的活动通常具有一定的规律性，我们提出了生活模式的概念，描述用户通常的生活方式和活动规律。研究中使用生活模式标准范式来描述哪类生活规律能够被发现，并提出一个能够有效地从原始数据中挖掘出这些生活模式的工作框架，实验结果表明用户的活动确实存在一定的规律。

2. 基于位置的应用

从面向位置的角度，基于用户相似性、位置间的相关性、位置的种类等，基于位置的社交网络上的应用包括以下几方面。

（1）路径发现

由于位置获取设备能量消耗、定位误差等原因，轨迹中两个连续采样点之间的路径是不可知的，产生的是具有不确定性的轨迹，可从大量不确定性的轨迹中挖掘两个位置间最可能的路径。

（2）商店位置选择

为一个新的商店选择最好的位置是一件很有意义的事情。与传统的方法不同，基于位置的社交网络中收集到的描述用户移动的细粒度数据和位置的流行性，给出问题的形式化定义，并从不同特性的角度进行商店位置预测，如密度特性、竞争特性、区域的流行性等。

（3）区域功能发现

随着城市的发展，城市中形成了不同功能的区域，如教学区、商业区，识别不同区域的功能对城市规划和商业位置选择有很大帮助。因此，人们提出了解决该问题的方法：将城市根据主干道路分割成不同区域，利用区域中人的移动特性和区域中所包含的兴趣点信息，借助基于主题的模型推导每个区域的功能。

（4）流行位置和流行路径推荐

当用户到一个不熟悉的城市旅行时，推荐这个城市中最为流行、最受欢迎的位置或路径可以给用户带来很大方便。根据 HITS 模型，在给定区域下，计算位置的流行度，将流行度高的位置作为流行位置推荐给用户；将位置流行度平均到每个与之相连的路径上，再根据路径被用户访问的数量以及这些用户自身的经验值，计算路径的流行度，将流行度较高的路径作为流行路径推荐给用户。也可以根据 HITS 模型，在不同区域中选择流行位置，将位置分为不同种类，在同一种类中计算位置流行度，推荐这个种类中流行度最高的位置，如在电影院这个种类下，推荐一个流行度最高的电影院。

（5）行程规划

行程规划是在用户指定起始位置、目的位置及时间间隔的条件下，推荐满足这些约束的、包含兴趣点的路径。规划中，根据用户要求挑选出所有从指定位置出发、到达目的位置、满足时间要求并包含有趣位置的路径，再根据路径中包含的有趣位置的个数、在位置间移动需要的时间、完成整条路径的时间以及路径本身的流行度选择最好的路径,并为用户做出推荐。

(6) 个性化位置推荐

流行位置推荐虽然可以给用户推荐相应的位置,但这些位置并没有考虑用户的个性化信息,即对所有用户推荐的都是相同的位置。为改善这一问题可以通过找到与自己相似性高的用户,再根据这些用户访问的位置进行推荐。也可以通过得到位置间的相关性,再根据与用户经常访问的位置相关性大的位置进行推荐。具体实现是,基于 HITS 模型得到每个种类下经验值较高的专家,并在用户指定种类下,根据这些种类中专家访问过的位置为用户完成推荐。

(7) 位置活动推荐

当用户指定一个位置时,可以给用户推荐在这个位置上发生的最流行的活动,当用户指定一种活动时,也可以给用户推荐进行这种活动的最流行的位置。可通过矩阵来描述每个位置发生的每种活动的情况,但由于在每个位置可以进行的活动是有限的,而活动的种类却是非常多的,因此这个矩阵是非常稀疏的,而进行推荐的主要依据就是矩阵中每个元素的数值。本书使用基于协同过滤的协同矩阵分解方法,利用表示位置与种类关系的矩阵以及表示活动与活动关系的矩阵,填补位置—活动矩阵中的缺失项,由此而完成推荐。

由上面的分析可以看出,随着基于位置的社交网络越来越流行,出现了多种多样的基于位置的服务,本书根据这些网络中不同形式的位置信息,将所有网络进行了分类,给出了每种类型的代表,并进行了相关分析。随着对基于位置的社交网络的深入研究,产生了许多相关的应用。本书基于用户和位置两大主题,对这些应用进行分类,并详细分析了每种应用的使用场景及实现原理。

通过分析发现,目前虽然有一些关于路径推荐的应用,但推荐的路径是面向所有用户的,并没有考虑用户的个性化信息,本书还没有发现基于位置的社交网络中关于个性化路径的推荐,如用户具有商场—餐馆—电影院的活动习惯,如何挖掘出这个习惯并给用户推荐符合该习惯的路径,将是基于位置的社交网络中又一崭新应用。

6.3 基于位置信息对好友推荐算法的改进

每当我们在 QQ 添加好友的时候,下面总会出现腾讯推荐给我们的好友,用户会发现腾讯推荐的好友大多都是自己某个好友的好友(即二度好友),

而且其中还有一些比较详细的规则，下面简单介绍。

一、六度分割理论

1967年，美国哈佛大学的心理学教授斯坦利·米尔格拉姆（Stanley Milgram）（1933—1984年）想要描绘一个连接人与社区的人际联系网，做过一次连锁信实验，结果发现了"六度分隔"（Six Degrees of Separation）现象。"六度分隔"现象又称为"小世界现象"（Small World Phenomenon），可通俗地阐述为："你和任何一个陌生人之间所间隔的人不会超过六个，也就是说，最多通过六个人你就能够认识任何一个陌生人。"

"六度分隔"说明了社会中普遍存在的"弱纽带"，但是却发挥着非常强大的作用。很多人在找工作时会体会到这种"弱纽带"带来的效果。通过弱纽带人与人之间的距离变得非常"相近"。

二、三元闭包理论

说到好友推荐，就不得不谈三元闭包理论。

三元闭包的定义：在一个社交圈内，若两个人有一个共同好友，则这两个人在未来成为好友的可能性就会提高。

1. 共同好友数

Sum（x，y）= |Set（Neighbor（i））& Set（（Neighbor（i））|，其中，Neighbor（i）表示 i 的好友，也就是网络拓扑上的邻居节点通过对共同好友数排序，即可产生一个好友推荐列表。

2. 对双方好友数加权

为消除双方好友数差距，可以除以双方好友数进行加权，也就是杰卡德系数，计算公式如下：

$$\text{Score}(x, y) = \frac{|\text{Neighbor}(i) \cap \text{Neighbor}(j)|}{|\text{Neighbor}(i) \cup \text{Neighbor}(j)|}$$

3. 对共同好友加权

在前述中，相当于对每个共同好友一视同仁，都贡献1分，但是共同好友中，有些人好友多，有些人好友少，当某个共同好友的好友数较少时，这个共同好友应该更加重要，所以可以通过除以每个共同好友的好友数进行加权。

$$\text{Score}(x, y) = \sum_{k \in \text{Neighbor}(i) \cap \text{Neighbor}(j)} \frac{1}{|\text{Neighbor}(k)|}$$

上式中，通过除以每个共同好友的好友数进行加权，如果好友数相差过大，需要通过开方、取对数等方式进行处理，如下：

$$\text{Score}(x, y) = \sum_{k \in \text{Neighbor}(i) \cap \text{Neighbor}(j)} \frac{1}{\sqrt{|\text{Neighbor}(k)|}}$$

$$\text{Score}(x, y) = \sum_{k \in \text{Neighbor}(i) \cap \text{Neighbor}(j)} \frac{1}{\log_2 |\text{Neighbor}(k)|}$$

脸书在共同好友的基础上，加入了时间维度。

基于一个假设：用户对新添加的好友更感兴趣。如图 6.1 所示，f_1 和 f_2 是用户 u 的好友，相对于很久之前添加的好友 f_2，f_1 是近期添加，用户对 f_1 近期添加的好友更感兴趣。

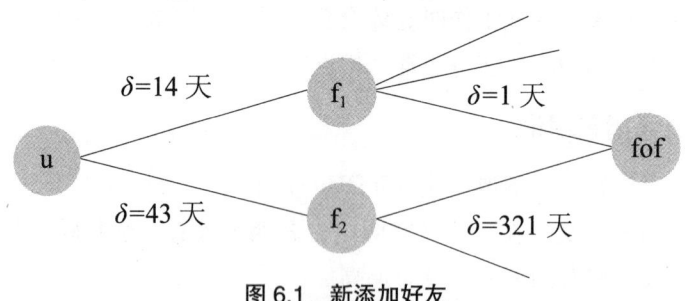

图 6.1 新添加好友

基于这样的假设，脸书给出了一个经验公式，如下：

$$v(\text{fof}) = \sum_{f_i} \frac{(\delta_{u, f_i} \cdot \delta_{f_i, \text{fof}})^{-0.3}}{\sqrt{\text{friends}_{f_i}}}$$

从这个公式可以看到，对比对共同好友加权的公式，增加了时间特征：

$$(\delta_{u, f_i} * \delta_{f_i, \text{fof}})^{-0.3}$$

时间相差越大，权重越小。其中，δ_{u, f_i} 为 u 与 f_i 建立好友关系的时间，$\delta_{f_i, \text{fof}}$ 为 f_i 与 fof 建立好友关系的时间，−0.3 为惩罚因子，是脸书的一个经验参数，需要根据具体情况进行调整。

第 7 章　基于稀有类分类的信用卡欺诈识别研究

7.1　概　述

7.1.1　信用卡行业发展

国家在"十二五"期间提出的加快转变经济发展方式和经济结构调整，以及大力倡导消费金融都为信用卡（Credit Card）行业发展带来机遇。

推动移动金融，开创支付新体验。随着智能终端的日益普及，移动互联网已成为未来的发展趋势，而移动支付的需求将对信用卡的营销创新，产品结构优化，进而做大消费金融，推动内需起到极大的推动作用。

发展消费金融，促进消费新增长。大力推动消费金融业务，不仅有效提升持卡人的用卡率及忠诚度，为持卡人日常生活提供金融便利，同时凭借信用卡丰富的支付模式，银行专业化的管理运作，还合理引导并扩大了消费，带动了周边上下游产业的联动发展，形成良性循环，对做大内需市场具有实际意义。

7.1.2　信用卡风险

广义上，信用卡风险是指在信用卡业务经营管理过程中，因各种不利因素而导致的发卡机构、持卡人、特约商户三方损失的可能性。狭义上，信用卡风险是指因信用卡无担保循环信贷的产品特性和贷款实际发生的非计划性、无固定场所、授贷个体多、单笔金额小等特点，导致发卡机构产生损失的可能性。信用卡风险危害很大，需要加以防范。

1. 来源于持卡人的风险

一是持卡人恶意透支。二是持卡人谎称未收到货物。三是先挂失，然后在极短时间大量使用挂失卡。四是利用信用卡透支金额发放高利贷。

2. 来源于商家的风险

一是不法雇员欺诈。在现实中，雇员能接触到顾客的卡信息，甚至持卡离开顾客的视线。不法雇员会使用客户信用卡消费，并将非法使用出现的发票自行扣压，致使客户受到损失。

二是不法商家欺诈。不法商家通过与知名商店相近的域名或者邮件引导消费者登录自己的网站。消费者难以识别互联网商家的真伪，很容易轻易提交支付信息。特约商店老板自己伪造客户购货发票，然后拿假发票向银行索取款项。

3. 来源于第三方的风险

一是盗窃。盗窃者会大量而快速地交易，直到合法持卡人挂失并且该卡被银行冻结。二是复制。在宾馆、饭店这类场所，授权环节通常会离开持卡人的视线，这就使不道德的职员有机会利用小型读卡设备获得磁条信息。三是 ATM 欺诈。发生于 ATM 设备的欺诈通常是因为密码被窃取或者被伪造，甚至是暴力抢劫。四是伪造。犯罪分子先获取客户的信用卡资料，如盗取，或在键盘输入设备里非法安装接收设备获取，或计算机黑客通过攻击网上银行系统获取，再伪造信用卡进行诈骗。五是身份冒用。这既包括盗用消费者身份，也包括剽窃商户身份。六是虚假申报。犯罪分子以虚假的身份证明及资信材料办理信用卡申请，或谎报卡片丢失，然后实施欺诈消费或取现，使银行蒙受损失。

4. 来源于商业银行的风险

商业银行内部存在不法工作人员，他们往往会利用职权在内部作案。如擅自打制信用卡或盗窃已打制好的信用卡，冒充客户提取现金或持卡消费；或擅自超越权限，套取大额现金；或通过更改计算机客户资料和存款余额，盗取现金。

7.1.3 信用卡欺诈识别研究

信用卡欺诈指利用信用卡进行资金欺诈的行为。恶意透支指以套取资金为目的，超出透支限额或故意不按期还款的行为。欺诈行为通常有以下形式。

1. 冒用丢失卡或冒用被盗卡

一旦卡片丢失或被盗，欺诈者便会用其获取商品、服务或现金。只有在丢失或被盗被报告之后才能采取防范措施。所以通常在卡片刚刚丢失或被盗时，欺诈活动最多。

2. 截取信用卡

卡片在邮寄过程中被截取，之后被欺诈使用。卡片可能在邮寄过程中的不同环节被截取，这个环节通常是发卡行的分发中心—运输商的大批运输过程中—邮件的分拣系统—持卡人所在处。这些欺诈类型的平均损失一般比丢失或被盗卡片的损失要高，这是因为卡片被截时还未签名，欺诈者可随意地在卡上签名，并在交易单据上使用他自己的签名。

3. 滥用账号

由其他人，而不是真正的持卡人，使用账户号，来获得商品、服务或现金。这种欺诈通常出现在不需出示卡片的交易中，如邮购或电话订购以及网络购物。这一类型在虚假特约商中很普遍。

4. 伪造卡

伪造卡欺诈使用模仿真卡的有关账户数据的卡片，但这些卡片不是由发卡行或被授权的卡片制造商生产的。通常有四种伪造卡：全部重新制造、改动/重新凸印、重新编码、白卡。

5. 虚假持卡人申请

虚假持卡人申请指利用虚假信息申请信用卡。

7.1.4 信用卡风险产生的原因

1. 信用体系不完善

我国的信用制度建设尚处于起步阶段，尤其是个人信用体系建设更是薄弱环节。个人信用数据相对分散，政府部门之间，甚至银行之间在个人信用数据方面没有实现共享。各商业银行对于目标客户的信用评估，由于受到所掌握的客户信用数据的限制，不能够准确地反映出目标客户的信用等级，使防范信用卡风险的第一道屏障失效。

2. 网络支付蕴藏风险

电子商务近几年遍地开花，网络交易的迅猛增长，并不能掩盖电子商务仍潜存着许多漏洞这一事实，而且伴随网络的"长大"，这些早先的技术"缺陷"与"漏洞"正迅速演变成足以致命的黑洞。

3. 商业银行发卡过度

我国各商业银行为争夺信用卡这一高利润的市场，除少数几家银行还没有发行信用卡，大多数银行都建立了各自的信用卡系统，导致信用卡的发行近乎泛滥。有许多银行重量不重质，降低了对信用卡用户条件的审核。其最终结果是信用卡用户含金量不高，尤其是在高端客户和产品细分上。

与此同时，严格的信用卡管理措施没有跟上，内控制度不完善，必然给犯罪分子带来可乘之机，信用卡诈骗不断发生。

7.1.5 造成信用卡风险形成的主要因素

信用卡风险是一种普遍的客观现象，无处不在，无时不有，不以人的意志为转移。导致信用卡风险形成的原因主要有以下几点。

1. 缺乏一个良好的社会信用体系，公民个人资信控制处于无序状态

良好的信用是市场秩序的根本保障，也是信用卡业务发展的重要灵魂。一方面银行是讲究信用的，另一方面也要求持卡人都必须讲究信用。但是成千上万向银行申领信用卡的公民是否都具有信用呢？社会上缺乏一个良好的社会信用体系，还没有一个类似控制个人资信状况的咨询机构可供银行选择，银行在发展持卡人的过程中，仅能依凭证件或向申领人单位、派出所咨询，而冒领人单位和公安机关的派出所对个人的资信情况也不甚了解。在这样的情况下，发卡银行在发卡过程中，不能不带有一定的盲目性，从而给居心不良者以可乘之机。

2. 欺诈成本低廉，法律打击失之过宽

我国先后出台了一系列相关的制度、办法，对规范信用卡业务、抑制信用卡风险发挥了积极的作用，但尚缺乏全面、系统、细致的法律、法规。仅于 1995 年 6 月，全国人民代表大会常务委员会通过的《全国人民代表大会常务委员会关于惩治破坏金融秩序犯罪的决定》，对信用卡欺诈做了规定，但还有待在实践中进一步完善，加以具体化、定量化。因此，建立和健全信用卡适用法律十分必要，它是防范信用卡风险的内在因素和第一道防线。

3. 信用卡受理点工作人员业务素质不高，用卡环境尚待优化

除一些大宾馆、大商场的少数专业收银人员具有较好的受理业务能力外，大部分特约商户的收银人员对信用卡支付业务比较生疏，他们往往连正常的信用卡受理程序都不熟悉，更不必说如何识别假冒、伪造的信用卡。这些收银员对受卡业务之所以比较生疏：一是因为我国人民币信用卡种类多，操作上各不相同，收银人员难以熟记；二是不少特约商户收银员调动频繁，新手多，银行培训跟不上；三是当前信用卡的市场覆盖率低、用卡量小，一些中小商户每天仅几笔，甚至几天一笔业务，收银人员得不到实习锻炼的机会。和特约商户一样，银行受理网点也不同程度地存在类似的问题。

4. 持卡人以及各环节操作人员的素质偏低

由于各家商业银行盲目竞争，激烈争夺信用卡市场，一味地追求发卡量，增加年费收入，完成中间业务收入指标。开卡时对持卡人的品行了解不全面，致使只注意到量，而忽视质的问题。

同时，在对特约单位的管理上，存在人员少、管理经验不足等问题，从而使信用卡在使用时，由于商户审核不严，给一部分人以可乘之机，造成冒用等风险。

7.2 信用卡概述

信用卡，又叫贷记卡，是一种非现金交易付款的方式，是简单的信贷服务。

信用卡一般是长 85.60 毫米、宽 53.98 毫米、厚 1 毫米的具有消费信用的特制载体塑料卡片。它是银行向个人和单位发行的，凭此向特约单位购物、消费和向银行存取现金，其正面印有发卡银行名称、有效期、号码、持卡人姓名等内容，背面有磁条、签名条。

信用卡由银行或信用卡公司依照用户的信用度与财力发给持卡人，持卡人持信用卡消费时无须支付现金，待账单日（Billing Date）时再进行还款。

2016 年 4 月 15 日，央行发布《中国人民银行关于信用卡业务有关事项的通知》，取消信用卡滞纳金，引入违约金，并禁止收取超限费，新规定 2017 年 1 月 1 日起已正式施行。

除部分与金融卡结合的信用卡外，一般的信用卡与借记卡、提款卡不同，信用卡不会由用户的账户直接扣除资金。

真正的信用卡，具有以下特点：不鼓励预存现金，先消费后还款，享有免息缴款期，可自主分期还款（有最低还款额），加入维萨（VISA）、万事达（Master）等国际信用卡组织以便全球通用。

7.2.1 信用卡发展历程

1915 年信用卡起源于美国。最早发行信用卡的机构并不是银行，而是一些百货商店、饮食业、娱乐业和汽油公司。美国的一些商店、饮食店为招徕顾客，推销商品，扩大营业额，有选择地在一定范围内发给顾客一种类似金属徽章的信用筹码，后来演变为用塑料制成的卡片，作为客户购货消费的凭证，开展了凭信用筹码在本商号或公司或汽油站购货的赊销服务业务，顾客可以在这些发行筹码的商店及其分号赊购商品，约期付款。这就是信用卡的雏形。

1950 年春，麦克纳马拉与他的好友施奈德合作投资一万美元，在纽约创立了"大来俱乐部"（Diners Club），即大来信用卡公司的前身。大来俱乐部为会员们提供一种能够证明身份和支付能力的卡片，会员凭卡片可以记账消费。这种无须银行办理的信用卡的性质仍属于商业信用卡。

1952年，美国加利福尼亚州的富兰克林国民银行作为金融机构首先发行了银行信用卡。

1959年，美国的美洲银行在加利福尼亚州发行了美洲银行卡。此后，许多银行加入了发信用卡银行的行列。到了20世纪60年代，银行信用卡很快受到社会各界的普遍欢迎，并得到迅速发展，信用卡不仅在美国，而且在日本、加拿大以及欧洲各国也盛行起来。从20世纪70年代开始，中国香港、中国台湾、新加坡、马来西亚等地区和国家，也开始开展信用卡业务。

2012年2月，银行证实信用卡无密码更安全，若盗刷与银行同担责任。享有25～56天（或20～50天）的免息期，按时还款利息分文不收。刷卡消费享有免息期到期还款日前还清账单金额，不会产生费用。取现无免息还款期，从取现当天收取万分之五的日息，银行还会收取一定比例的取现手续费。

2016年12月，中国支付清算协会发了一则《有关单标识外币卡、双币卡政策具体内容》，要求银行停止新发双标识信用卡。所谓"双标卡"，指的是一张信用卡上印有两个发卡机构的标志，比较常见的是"银联+维萨"或"银联+万事达"，持卡人在刷卡时，可以选择卡片上的两家发卡机构中的任意一家的支付通道。

7.2.2 信用卡主要特点

①信用卡是当今发展最快的一项金融业务之一，它是一种可在一定范围内替代传统现金流通的电子货币。

②信用卡同时具有支付和信贷两种功能。持卡人可用其购买商品或享受服务，还可通过使用信用卡从发卡机构获得一定的贷款。

③信用卡是集金融业务与计算机技术于一体的高科技产物。

④信用卡能减少现金货币的使用。

⑤信用卡能提供结算服务，方便购物消费，增强安全感。

⑥信用卡能简化收款手续，节约社会劳动力。

⑦信用卡能促进商品销售，刺激社会需求。

7.2.3 信用卡主要种类

1. 按发卡机构不同可分为银行卡和非银行卡

（1）银行卡

这是银行所发行的信用卡，持卡人可在发卡银行的特约商户购物消费，也可以在发卡行所有的分支机构或设有ATM的地方随时提取现金。

（2）非银行卡

这种卡又可以具体地分成零售信用卡和旅游娱乐卡。零售信用卡是商业机构所发行的信用卡，如百货公司、石油公司等，专用于在指定商店购物或在汽油站加油等，并定期结账。旅游娱乐卡是服务业发行的信用卡，如航空公司、旅游公司等，用于购票、用餐、住宿、娱乐等。

2. 按发卡对象不同可分为公司卡和个人卡

（1）公司卡

公司卡的发行对象为各类工商企业、科研教育等事业单位、国家党政机关、部队、团体等法人组织。

（2）个人卡

个人卡的发行对象则为城乡居民个人，包括工人、干部、教师、科技工作者、个体经营户以及其他成年的、有稳定收入来源的城乡居民。个人卡是以个人的名义申领并由其承担用卡的一切责任。

3. 根据持卡人的信誉、地位等资信情况的不同可分为普通卡和金卡

（1）普通卡

普通卡是对经济实力和信誉、地位一般的持卡人发行的，对其各种要求并不高。

（2）金卡

金卡是一种缴纳高额会费、享受特别待遇的高级信用卡。发卡对象为信用度较高、偿还能力及信用较强或有一定社会地位者。金卡的授权限额起点较高，附加服务项目及范围也宽得多，因而对有关服务费用和担保金的要求也比较高。

4. 根据清偿方式不同可分为贷记卡和借记卡

（1）贷记卡

它是发卡银行提供银行信用款时，先行透支使用，然后再还款或分期付款，国际上流通使用的大部分都是这类卡。也就是说允许持卡人在信用卡账户上无存，其清偿的方式为"先消费，后存款"。目前国际上流通使用的大部分都是这类卡。

（2）借记卡

它是银行发行的一种先存款后消费的信用卡。持卡人在申领信用卡时，需要事先在发卡银行存有一定的款项以备用，持卡人在用卡时需以存款余额为依据，一般不允许透支。

5.根据信用卡流通范围不同可分为国际卡和地区卡

（1）国际卡

国际卡是一种可以在发行国之外使用的信用卡，全球通用。境外五大集团（万事达卡组织、维萨国际组织、美国运通公司、JCB信用卡公司和大莱信用卡公司）分别发行的万事达卡（Master Card）、维萨卡（VISA Card）、运通卡（American Express Card）、JCB卡（JCB Card）和大莱卡（Diners Club Card）多数属于国际卡。

（2）地区卡

地区卡是一种只能在发行国国内或一定区域内使用的信用卡。我国商业银行所发行的各类信用卡大多数属于地区卡。

7.2.4 信用卡安全问题

有关信用卡的安全问题有以下几方面：

信用卡：不法分子或犯罪集团以假卡或废卡（过期/遗失作废/磁带损毁等）冒充正卡消费，直接蒙骗商家或发卡机构。

持卡人：卡片保管不善/处理不当（过期/磁带失效的信用卡未进行销毁，或遗失未立即作废等），以及个人身份信息无意之间遭窃取或骗取。为避免此类问题发生，公民不要轻易对外提供个人身份信息，最好也不要委托别人代办信用卡。

消费商家：服务人员于持卡人消费过程中超刷，或窃取其信用卡资讯至其他商家消费。这种情况无论是实体商家还是网络虚拟商家，皆有可能发生。

发卡机构：计算机系统遭恶意入侵，窃取客户基本/交易资讯。亦有机构内部从业人员监守自盗或内神通外鬼等不肖情事。

交易系统与机制：只要是人类所制作的或经手的，就免不了人为的错误与疏失；再严谨的交易机制，配合从确认到结算的世界级交易系统，仍然有被入侵的可能，而且所谓的入侵其实也具有等级层次上的差别。

安全问题案例：

2005年6月，美国的一个信用卡资料处理中心被黑客入侵，约4 000万账户的号码和有效期资讯被黑客恶意截获，涉及的信用卡品牌有威士、万事达卡、美国运通等。它是在美国专为银行、会员机构、特约商店处理卡片交易资料的外包厂商，位于美国亚利桑那州杜桑市（Tucson Arizona），在美国负责处理大约105 000家中小企业业务。

信用卡的另一种安全问题：不环保成分。绝大部分信用卡含聚氯乙烯，而聚氯乙释放出有害添加物，危害生物健康和污染环境。焚化聚氯乙烯也会产生致癌的二噁英/戴奥辛。

7.3 不均衡数据集的处理

一、数据不均衡简介

在分类中，数据不均衡是指不同类别下的样本数目相差巨大。以下举两个例子：

①在一个二分类问题中，训练集 class 1 的样本数与 class 2 的样本数的比值为 60∶1。使用逻辑回归进行分类，结果是忽略了 class 2，将所有的训练样本都分类为 class 1。

②在三分类问题中，三个类别分别为 A，B，C，训练集中 A 类的样本占 70%，B 类的样本占 25%，C 类的样本占 5%。最后分类器对类 A 的样本过拟合了，而对其他两个类别的样本欠拟合。

实际上，训练数据不均衡是常见并且合理的情况。举两个例子：

①在欺诈交易识别中，绝大部分交易是正常的，只有极少部分的交易属于欺诈交易。

②在客户流失问题中，绝大部分的客户是会继续享受其服务的（非流失对象），只有极少数部分的客户不会再继续享受其服务（流失对象）。

那么训练数据不均衡会导致什么问题呢？如果训练集的 90% 的样本是属于同一个类的，而我们的分类器将所有的样本都分类为该类，在这种情况下，尽管最后的分类准确度为 90%，该分类器是无效的。所以在数据不均衡时，准确度（Accuracy）这个评价指标参考意义就不大了。实际上，如果不均衡比例超过 4∶1，分类器就会偏向于大的类别。

二、不均衡数据集处理的五种办法

1. 扩充数据集

扩充数据集即能否获得更多数据，尤其是小类（该类样本数据极少）的数据，更多的数据往往能得到更多的分布信息。

2. 对数据集进行重采样

过采样（Over-sampling），对小类的数据样本进行过采样来增加小类的数据样本个数，即采样的个数大于该类样本的个数。

欠采样（Under-sampling），对大类的数据样本进行欠采样来减少大类的数据样本个数,即采样的个数少于该类样本的个数。

采样算法容易实现,效果也不错,但可能增大模型的偏差(Bias),因为放大或者缩小某些样本相当于改变了原数据集的分布。对不同的类别也要采取不同的采样比例,但一般不会是1∶1,因为与现实情况相差甚远,压缩大类的数据是个不错的选择。

3. 人造数据

一种简单的产生人造数据的方法是,在该类下所有样本的每个属性特征的取值空间中随机选取一个组成新的样本,即属性值随机采样。此方法多用于小类中的样本,不过它可能破坏原属性的线性关系。例如,在图像中,对一幅图像进行扭曲得到另一幅图像,即改变了原图像的某些特征值,但是该方法可能会产生现实中不存在的样本。

有一种人造数据的方法叫作合成少数类过采样技术(Synthetic Minority Over-sampling Technique,SMOTE)。SMOTE是一种过采样算法,它构造新的小类样本而不是产生小类中已有的样本的副本。它基于距离度量选择小类别下两个或者更多的相似样本,然后选择其中一个样本,并随机选择一定数量的邻居样本对选择的那个样本的一个属性增加噪声,每次处理一个属性。这样就构造了许多新数据。

SMOTE算法的多个不同语言的实现版本如下:

① Python: Unbalanced Dataset模块提供了SMOTE算法的多种不同实现版本,以及多种重采样算法。

② R: DMwR package。

③ Weka: SMOTE supervised filter。

4. 改变分类算法

使用代价函数时,可以增加小类样本的权值,降低大类样本的权值(这种方法其实是产生了新的数据分布,即产生了新的数据集),从而使得分类器将重点集中在小类样本处。刚开始,可以设置每个类别的权值与样本个数比例的倒数,然后可以使用过采样进行调优。

可以把小类样本作为异常点(Outliers),把问题转化为异常点检测问题。此时分类器需要学习到大类的决策分界面,即分类器是一个单个类分类器(One Class Classifier)。

由罗伯特提出的"The strength of weak learnability"方法,该方法是一个Boosting算法,它递归地训练三个弱学习器,然后将这三个弱学习器结合起来形成一个强的学习器。算法流程如下:首先使用原始数据集训练第一个学

习器 L_1；其次使用在 L_1 50% 学习正确和 50% 学习错误的那些样本训练得到学习器 L_2，即从 L_1 中学习错误的样本集与学习正确的样本集中循环采样，一边一个；再次使用 L_1 与 L_2 不一致的那些样本去训练得到学习器 L_3；最后使用投票方式作为最后输出。

那么如何使用该算法来解决数据不均衡问题呢？假设这是一个二分类问题，大部分的样本都是 true 类。让 L_1 输出始终为 true。使用 50% 在 L_1 分类正确的与 50% 分类错误的样本训练得到 L_2，即从 L_1 中学习错误的样本集与学习正确的样本集中循环采样，一边一个。因此，L_2 的训练样本是平衡的。接着使用 L_1 与 L_2 分类不一致的那些样本训练得到 L_3，即在 L_2 中分类为 false 的那些样本。最后，结合这三个分类器，采用投票的方式来决定分类结果，因此只有当 L_2 与 L_3 都分类为 false 时，最终结果才为 false，否则为 true。

以下方法同样会破坏某些类的样本的分布：

①设超大类中样本的个数是极小类中样本个数的 L 倍，那么在随机梯度下降（Stochastic Gradient Descent，SGD）算法中，每次遇到一个极小类中样本进行训练时，训练 L 次。

②将大类中样本划分到 L 个聚类中，然后训练 L 个分类器，每个分类器使用大类中的一个簇与所有的小类样本进行训练得到。最后对这 L 个分类器采取少数服从多数对未知类别数据进行分类，如果是连续值（预测），那么采用平均值。

③设小类中有 N 个样本。将大类聚类成 N 个簇，然后使用每个簇的中心组成大类中的 N 个样本，加上小类中所有的样本进行训练。

如果不想破坏样本分布，则可以使用全部的训练集采用多种分类方法分别建立分类器而得到多个分类器，投票产生预测结果。

5. 尝试其他评价指标

准确度这个评价指标在数据不均衡的情况下有时是无效的。因此在类别不均衡分类任务中，需要使用更有说服力的评价指标来对分类器进行评价。

7.4 基于 AdaBoost 的稀有类分类算法

7.4.1 AdaBoost 算法概况

AdaBoost 是一种迭代算法，其核心思想是针对同一个训练集训练不同的分类器（弱分类器），然后把这些分类器集合起来，构成一个更强的最终分类器（强分类器）。该算法本身是通过改变数据分布来实现的，其根据每次训练集中每个样本的分类是否正确,以及上次的总体分类的准确率,来确定每个样本的权值。将修改过权值的新数据集送给下层分类器进行训练,最后将每次训练得到的分类器融合起来,作为最后的决策分类器。使用 AdaBoost 分类器可以排除一些不必要的训练数据特征,并放在关键的训练数据上面。

一、AdaBoost 算法应用

AdaBoost 算法的应用大多集中于分类问题,同时也出现了一些在回归问题上的应用。AdaBoost 系列主要解决了两类问题、多类单标签问题、多类多标签问题、大类单标签问题、回归问题。

二、AdaBoost 算法过程分析

该算法其实是一个简单的弱分类算法提升过程,通过不断地训练,可以提高对数据的分类能力。整个过程如下:

①先通过对 N 个训练样本的学习得到第一个弱分类器。

②将分错的样本和其他的新数据一起构成一个新的 N 个的训练样本,通过对这个样本的学习得到第二个弱分类器。

③将①和②都分错了的样本加上其他的新样本构成另一个新的 N 个的训练样本,通过对这个样本的学习得到第三个弱分类器。

④最终经过提升的强分类器,即某个数据被分为哪一类要由各分类器权值决定。

三、AdaBoost 算法优缺点分析

对于 AdaBoost 算法,存在两个问题:如何调整训练集,使得在训练集上训练的弱分类器得以进行;如何将训练得到的各个弱分类器联合起来形成强分类器。

针对以上两个问题,对 AdaBoost 算法进行了调整:使用加权后选取的训练数据代替随机选取的训练样本,这样将训练的焦点集中在比较难分的训练数据样本上;将弱分类器联合起来,使用加权的投票机制代替平均投票机制,让分类效果好的弱分类器具有较大的权重,而分类效果差的分类器具有较小的权重。

AdaBoost 算法是弗罗因德(Freund)和夏皮尔(Schapire)根据在线分配算法提出的,他们详细分析了 AdaBoost 算法错误率的上界,以及为了使强分类器达到错误率,算法所需要的最多迭代次数等相关问题。与 Boosting 算法不同的是,AdaBoost 算法不需要预先知道弱学习算法学习正确率的下限即弱分类器的误差,并且最后得到的强分类器的分类精度依赖于所有弱分类器

的分类精度,这样可以深入挖掘弱分类器算法的能力。AdaBoost 算法中不同的训练集是通过调整每个样本对应的权重来实现的。开始时,每个样本对应的权重是相同的,即其中 n 为样本个数,在此样本分布下训练出一弱分类器。对于分类错误的样本,加大其对应的权重;而对于分类正确的样本,降低其权重,这样分错的样本就被突显出来,从而得到一个新的样本分布。在新的样本分布下,再次对样本进行训练,得到弱分类器。依次类推,经过 T 次循环,得到 T 个弱分类器,把这 T 个弱分类器按一定的权重叠加起来,便得到最终想要的强分类器。AdaBoost 算法的具体步骤如下:

①给定训练样本集 S,其中 X 和 Y 分别对应于正例样本和负例样本;T 为训练的最大循环次数。

②初始化样本权重为 $1/n$,即为训练样本的初始概率分布。

③第一次迭代:训练样本的概率分布相当,训练弱分类器;计算弱分类器的错误率;选取合适阈值,使得误差最小;更新样本权重。

经 T 次循环后,得到 T 个弱分类器,按更新的权重叠加,最终得到的强分类器。

AdaBoost 算法是经过调整的 Boosting 算法,其能够对弱学习得到的弱分类器的错误进行适应性调整。上述算法中迭代了 T 次的主循环,每一次循环根据当前的权重分布对样本 x 定一个分布 P,然后对这个分布下的样本使用弱学习算法得到一个弱分类器。实际上,每一次迭代,都要对权重进行更新。更新的规则是,减小弱分类器分类效果较好的数据的概率,增大弱分类器分类效果较差的数据的概率。最终的分类器是个弱分类器的加权平均。

7.4.2 AdaBoost 算法的研究现状

AdaBoost 算法是最优秀的 Boosting 算法之一,有着坚实的理论基础,在实践中得到了很好的推广和应用。该算法能够将比随机猜测略好的弱分类器提升为分类精度高的强分类器,为学习算法的设计提供了新的思想和新的方法。对于推导更紧致的泛化误差界、多分类问题中的弱分类器条件、更适合多分类问题的损失函数、更精确的迭代停止条件、提高算法抗噪声能力以及从子分类器的多样性角度优化 AdaBoost 算法等问题值得进一步深入与完善。

7.4.3 AdaBoost 算法的实现

如果将不同的分类器组合起来,就构成了集成方法或者说元算法。集成方法有多种形式:可以是多种算法的集成,也可以是一种算法在不同设置下的集成，还可以将数据集的不同部分分配不同的分类器，再将这些分类器进行集成。

AdaBoost 分类器就是一种集成方法分类器，AdaBoost 分类器利用同一种分类器（弱分类器），基于分类器的错误率分配不同的权重参数，最后累加加权的预测结果作为输出。

一、基于分类器的构建方法

1. Bagging 方法

在介绍 AdaBoost 之前，我们首先大致介绍一种基于数据随机重抽样的分类器构建方法，即 Bagging 方法，其是从原始数据集选择 s 次后得到 s 个新数据集的一种技术。需要说明的是，新数据集和原数据集的大小相等。每个数据集都是通过在原始数据集上先后随机选择一个样本来进行替换得到的新的数据集（即先随机选择一个样本，然后随机选择另外一个样本替换之前的样本），并且这里的替换可以多次选择同一样本，也就是说某些样本可能多次出现，而另外有一些样本在新集合中不再出现。

s 个数据集准备好后，将某个学习算法分别作用于每个数据集就得到 s 个分类器。当要对新的数据进行分类时，就应用这 s 个分类器进行分类，最后根据多数表决的原则确定出最后的分类结果。

2. Boosting 方法

Boosting 方法与上面提到的 Bagging 方法很类似，都是采用同一种基于分类器的组合方法。而与 Bagging 不同的是，Boosting 是集中关注分类器错分的那些数据来获得新的分类器。

此外，Bagging 中分类器权重相等，而 Boosting 中分类器的权值并不相等，分类器的错误率越低，那么其对应的权重也就越大，越容易对预测结果产生影响。

二、AdaBoost 算法流程

AdaBoost 的一般流程。①收集数据。②准备数据：依赖于所用的基分类器的类型，这里是单层决策树，即树桩，该类型决策树可以处理任何类型的数据。③分析数据。④训练算法：利用提供的数据集训练分类器。⑤测试算法：利用提供的测试数据集计算分类的错误率。⑥使用算法：算法的相关推广，满足实际的需要。下面具体阐述 AdaBoost 分类算法。

1. 训练算法：基于错误提升分类器的性能

基分类器，或者说弱分类器，意味着分类器的性能不会太好，可能要比随机猜测要好一些，一般而言，在二类分类情况下，弱分类器的分类错误率达到甚至超过 50%，显然也只是比随机猜测略好。但是，强分类器的分类错误率相对而言就小很多，AdaBoost 算法就是基于这些弱分类器的组合最终来完成分类预测的。

AdaBoost 的运行过程：赋予训练数据的每一个样本一个权重，这些权值构成权重向量 D，维度等于数据集样本个数。开始时，这些权重都是相等的，首先在训练数据集上训练出一个弱分类器并计算该分类器的错误率，其次在同一数据集上再次训练弱分类器，但是在第二次训练时，将会根据分类器的错误率对数据集中样本的各个权重进行调整，分类正确的样本的权重降低，而分类错误的样本权重则上升，但这些权重的总和保持不变为 1。

并且，最终的分类器会基于这些训练的弱分类器的分类错误率，分配不同的决定系数 alpha，错误率低的分类器获得更高的决定系数，从而在对数据进行预测时起关键作用。alpha 的计算根据错误率得来，即

alpha=0.5ln[（1-ε）/max（ε，1e-16）]

其中，ε 为正确分类的样本数目/样本总数，max（ε，1e-16）是为了防止错误率而造成分母为 0 的情况发生。

计算出 alpha 之后，就可以对权重向量进行更新了，使得分类错误的样本获得更高的权重，而分类正确的样本获得更低的权重。D 的计算公式如下：

如果某个样本被正确分类，那么权重更新为

（D（m+1，i）=D（m，i）*exp（-alpha）/sum（D）

如果某个样本被错误分类，那么权重更新为

（D（m+1，i）=D（m，i）*exp（alpha）/sum（D）

其中，m 为迭代的次数，即训练的第 m 个分类器，i 为权重向量的第 i 个分量，i≤数据集样本数量。

当我们更新完各个样本的权重之后，就可以进行下一次的迭代训练了。AdaBoost 算法会不断重复训练和调整权重，直至达到迭代次数，或者训练错误率为 0。

2. 基于单层决策树构建弱分类器

单层决策树是一种简单的决策树，也称为决策树桩。单层决策树可以看作由一个根节点直接连接两个叶结点的简单决策树，如 $x>v$ 或 $x<v$，就可以看作一个简单决策树。

为了更好地演示 AdaBoost 的训练过程，我们首先建立一个简单的数据集，并将其转为我们想要的数据格式，代码如下：

```
# 获取数据集
def loadSimpData():
    dataMat=matrix([[1. , 2.1],
            [2. , 1.1],
            [1.3, 1. ],
            [1. , 1. ],
            [2. , 1. ]])
    classLabels=[1.0, 1.0, -1.0, -1.0, 1.0]
    return dataMat, classLabels
```

接下来，我们就要通过上述数据集来寻找最佳的单层决策树，最佳单层决策树是具有最低分类错误率的单层决策树，伪代码如下：

```
# 构建单层分类器
# 单层分类器是基于最小加权分类错误率的树桩
# 伪代码
# 将最小错误率设为 +∞
# 对数据集中的每个特征（第一层特征）：
    # 对每个步长（第二层特征）：
        # 对每个不等号（第三层特征）：
            # 建立一棵单层决策树并利用加权数据集对它进行测试
            # 如果错误率低于最小错误率，则将当前单层决策树设为最佳单层决策树
# 返回最佳单层决策树
```

接下来看单层决策树的生成函数代码：

```
# 单层决策树的阈值过滤函数
def stumpClassify(dataMatrix, dimen, threshVal, threshIneq):
    # 对数据集每一列的各个特征进行阈值过滤
    retArray=ones((shape(dataMatrix)[0], 1))
    # 阈值的模式，将小于某一阈值的特征归类为 -1
    if threshIneq=='lt':
        retArray[dataMatrix[:, dimen]<=threshVal]=-1.0
    # 将大于某一阈值的特征归类为 -1
```

```
        else：
    retArray[dataMatrix[：，dimen]>threshVal]=-1.0
    def  buildStump（dataArr，classLabels，D）：
    #将数据集和标签列表转为矩阵形式
dataMatrix=mat（dataArr）；labelMat=mat（classLabels）.T
        m，n=shape（dataMatrix）
        #步长或区间总数 最优决策树信息 最优单层决策树预测结果
        numSteps=10.0；bestStump={}；bestClasEst=mat（zeros（（m，1）））
        #最小错误率初始化为 + ∞
        minError=inf
        #遍历每一列的特征值
        for i in range（n）：
            #找出列中特征值的最小值和最大值
rangeMin=dataMatrix[：，i].min（）；rangeMax=dataMatrix[：，i].max（）
            #求取步长大小或者说区间间隔
            stepSize=（rangeMax-rangeMin）/numSteps
            #遍历各个步长区间
            for j in range（-1，int（numSteps）+1）：
                #两种阈值过滤模式
                for inequal in ['lt'，'gt']：
                #阈值计算公式：最小值
                +j（-1<=j<=numSteps+1）*步长
                threshVal=（rangeMin+float（j）*stepSize）
                #选定阈值后，调用阈值过滤函数分类预测
                 predictedVals=\ stumpClassify（dataMatrix，i，thresh-
Val，'inequal'）
                #初始化错误向量
                errArr=mat（ones（（m，1）））
                #将错误向量中分类正确项置0
                errArr[predictedVals==labelMat]=0
                #计算"加权"的错误率
                weigthedError=D.T*errArr
                #打印相关信息，可省略
                #print（"split： dim %d， thresh %.2f， thresh inequal： \
```

```
            # %s, the weighted error is %.3f",
            # %（i, threshVal, inequal, weigthedError））
            # 如果当前错误率小于当前最小错误率，将当前错误率作
为最小错误率
            # 存储相关信息
            if weigthedError<minError:
            minError=weigthedError
            bestClasEst=predictedVals.copy（）
            bestStump['dim']=i
            bestStump['thresh']='threshVal'
            bestStump['ineq']=inequal
        # 返回最佳单层决策树相关信息的字典，最小错误率，决策树预
测输出结果
            return bestStump, minError, bestClasEst
```

需要说明的是，上面的代码包含两个函数，第一个函数是分类器的阈值过滤函数，即设定某一阈值，凡是超过该阈值的结果被归为一类，小于阈值的结果都被分为另外一类，这里的两类依然同 SVM 一样，采用 +1 和 -1 作为类别。

第二个函数，就是建立单层决策树的具体代码，基于样本值的各个特征及特征值的大小，设定合适的步长，获得不同的阈值，然后以此阈值作为根结点，对数据集样本进行分类，并计算错误率。需要指出的是，这里的错误率计算是基于样本权重的，所有分错的样本乘以其对应的权重，然后进行累加得到分类器的错误率。错误率得到后，根据错误率的大小，与当前存储的最小错误率的分类器进行比较，选择错误率最小的特征训练的分类器，作为最佳单层决策树输出，并通过字典类型保存其相关重要的信息。

3. 完整 AdaBoost 算法实现

上面已经构建好了基于加权输入值进行决策的单层分类器，那么就已经有了实现一个完整 AdaBoost 算法所需要的所有信息了。下面先介绍整个 AdaBoost 算法的伪代码实现：

```
            # 完整 AdaBoost 算法实现
            # 算法实现伪代码
            # 对每次迭代：
                # 利用 buildStump（）函数找到最佳的单层决策树
```

将最佳单层决策树加入单层决策树数组
计算 alpha
计算新的权重向量 D
更新累计类别估计值
如果错误率为等于 0.0，退出循环

再介绍具体的实现代码：

```
#AdaBoost 算法
#@dataArr：数据矩阵
#@classLabels：标签向量
#@numIt：迭代次数
def AdaBoostTrainDS（dataArr, classLabels, numIt=40）：
    # 弱分类器相关信息列表
    weakClassArr=[]
    # 获取数据集行数 m=shape（dataArr）[0]
    # 初始化权重向量的每一项值相等
    D=mat（ones（（m, 1））/m）
    # 累计估计值向量
    aggClassEst=mat（（m, 1））
    # 循环迭代次数
    for i in range（numIt）：
        # 根据当前数据集，标签及权重建立最佳单层决策树
        bestStump, error, classEst=buildStump（dataArr, classLabels, D）
        # 打印权重向量
        print（"D: ", D.T）
        # 求单层决策树的系数 alpha
        alpha=float（0.5*log（（1.0-error）/（max（error, 1e-16））））
        # 存储决策树的系数 alpha 到字典
        bestStump['alpha']=alpha
        # 将该决策树存入列表
        weakClassArr.append（bestStump）
        # 打印决策树的预测结果
        print（"classEst: ", classEst.T）
```

```
            # 预测正确为 exp（-alpha），预测错误为 exp（alpha）
            # 即增大分类错误样本的权重，减少分类正确的数据点权重
expon=multiply（-1*alpha*mat（classLabels）.T，classEst）
            # 更新权值向量
            D=multiply（D，exp（expon））D=D/D.sum（）
            # 累加当前单层决策树的加权预测值
            aggClassEst+=alpha*classEst
            print（"aggClassEst"，aggClassEst.T）
            # 求出分类错的样本个数
aggErrors=multiply（sign（aggClassEst）!=\
mat（classLabels）.T，ones（（m，1）））
            # 计算错误率
            errorRate=aggErrors.sum（）/m
            print（"total error: "，errorRate，"\n"）
            # 错误率为 0.0 退出循环
            if errorRate==0.0：break
        # 返回弱分类器的组合列表
        return weakClassArr
```

对于上面的代码，需要说明以下几点：

①上面的输入除了数据集和标签之外，还有用户自己指定的迭代次数，用户可以根据自己的成本需要和实际情况，设定合适的迭代次数，构建出需要的弱分类器数量。

②权重向量 D 包含了当前单层决策树分类器下，各个数据集样本的权重，一开始它们的值都相等。但是，经过分类器分类之后，会根据分类的权重加权错误率对这些权重进行修改，修改的标准为提高分类错误样本的权重，减少分类正确的样本的权重。

③分类器系数是另外一个非常重要的参数，它在最终的分类器组合决策分类过程中，起到了非常重要的作用，如果某个弱分类器的分类错误率更低，那么根据错误率计算出来的分类器系数将更高，这样这些分类错误率更低的分类器在最终的分类决策中，会起到更加重要的作用。

④上述代码的训练过程是以达到迭代的用户指定的迭代次数或者训练错误率达到要求而跳出循环。而最终的分类器决策结果，会通过 sign 函数，将结果指定为 +1 或者 -1。

4.测试算法

有了训练好的分类器,是不是要测试一下呢,毕竟训练错误率针对的是已知的数据,我们需要在分类器未知的数据上进行测试,看看分类效果。训练代码会帮我们保存每个弱分类器的重要信息,如分类器系数、分类器的最优特征、特征阈值等。有了这些重要的信息,我们就可以对测试数据进行预测分类了。

```
# 测试 AdaBoost,AdaBoost 分类函数
#@datToClass:测试数据点
#@classifierArr:构建好的最终分类器
def adaClassify(datToClass,classifierArr):
    # 构建数据向量或矩阵
    dataMatrix=mat(datToClass)
    # 获取矩阵行数 m=shape(dataMatrix)[0]
    # 初始化最终分类器
    aggClassEst=mat(zeros((m,1)))
    # 遍历分类器列表中的每一个弱分类器
    for i in range(len(classifierArr)):
        # 每一个弱分类器对测试数据进行预测分类
        classEst=stumpClassify( dataMat,classifierArr[i]['dim'],\ classifierArr[i]['thresh'],classifierArr[i]['ineq'])
        # 对各个分类器的预测结果进行加权累加
        aggClassEst+=classifierArr[i]['alpha']*classEst
        print('aggClassEst',aggClassEst)
    # 通过 sign 函数根据结果大于或小于 0 预测出 +1 或 -1
    return sign(aggClassEst)
```

三、实例:难数据集上应用 AdaBoost

下面利用马疝病是否死亡的存在 30% 数据缺失的数据集来进行 AdaBoost 算法测试。

从文件中加载数据集,转变成想要的数据格式,下列为自适应数据加载函数代码:

```
# 自适应加载数据
def loadDataSet(filename):
    # 创建数据集矩阵,标签向量
```

```
            dataMat=[]; labelMat=[]
            # 获取特征数目（包括最后一类标签）
            #readline（）：读取文件的一行
            #readlines：读取整个文件所有行
        numFeat=len（open（filename）.readline（）.split（'\t'））
            # 打开文件
            fr=open（filename）
            # 遍历文本每一行
            for line in fr.readlines（）：
                lineArr=[]
                curLine=line.strip（）.split（'\t'）
                for i in range（numFeat-1）：
                    lineArr.append（float（curLine[i]））
                # 数据矩阵 dataMat.append（lineArr）
                # 标签向量
                labelMat.append（float（curLine[-1]））
            return dataMat，labelMat
```

与之前的加载数据代码不同的是，该函数可以自动检测出数据样本的特征数目。下面来看最终的测试代码函数：

```
# 训练和测试分类器
def classify（）：
    # 利用训练集训练分类器
    datArr，labelArr=loadDataSet（'horseColicTraining2.txt'）
        # 得到训练好的分类器
    classifierArray=adaBoostTrainDS（datArr，labelArr，10）
        # 利用测试集测试分类器的分类效果
    testArr，testLabelArr=loadDataSet（'horseClicTest2.txt'）
    prediction=adaClassify（testArr，classifierArray）
        # 输出错误率
        num=shape（mat（labelArr））[1]
        errArr=mat（ones（（num，1）））
    error=errArr[prediction!=mat（testLabelArr）.T].sum（）
        print（"the errorRate is：
%.2f"，errRate=float（error）/float（（num）））
```

基于上面的 AdaBoost 分类器训练和测试代码，得到了表 7.1 中的不同弱分类器数目情况下的 AdaBoost 测试和分类错误率。

表 7.1　AdaBoost 测试和分类错误率

分类器数目	训练错误率 /%	测试错误率 /%
1	0.28	0.27
10	0.23	0.24
50	0.19	0.21
100	0.19	0.22
500	0.16	0.25
1 000	0.14	0.31
10 000	0.11	0.33

随着分类器数目的增加，AdaBoost 分类器的训练错误率不断减少，而测试错误率则是经历先减小再逐渐增大的过程。显然，这就是所说的过拟合。因此，对于这种情况，我们应该采取相应的措施，如采取交叉验证的方法，在训练分类器时，设定一个验证集合，不断测试验证集的分类错误率，当发现训练集错误率减少的同时，验证集的错误率较之上一次结果上升了，就停止训练。或者采取其他比较实用的模拟退火方法，如基因遗传方法等。

有文献表明，对于表现好的数据集，AdaBoost 的测试误差率会随着迭代次数的增加而逐渐稳定在某一个值附近，而不会出现表 7.1 中的先减小后上升的情况。显然，这里用到的数据集不能称为"表现好"的数据集，如该数据集存在 30% 的数据缺失。有必要可以将这些缺失的数据值由 0 变成该特征相类似的数据，或者该特征数据的平均值，再来进行 AdaBoost 算法训练，观察得到的结果会不会有所提升？

四、总结

AdaBoost 算法是 Boosting 方法中最流行的一种算法。它以弱分类器作为基础分类器，输入数据之后，通过加权向量进行加权；在每一轮的迭代过程中都会基于弱分类器的加权错误率，更新权重向量，从而进行下一次迭代。并且会在每一轮迭代中计算出该弱分类器的系数，系数的大小将决定该弱分类器在最终预测分类中的重要程度。显然，这两点的结合是 AdaBoost 算法的优势所在。

AdaBoost 算法的优缺点。优点：泛化错误率低，容易实现，可以应用在大部分分类器上，无参数调整。缺点：对离散数据点敏感。

参考文献

[1] 孙大为, 张广艳, 郑纬民. 大数据流式计算: 关键技术及系统实例 [J]. 软件学报, 2014, 25 (4).

[2] 陈立玮, 冯岩松, 赵东岩. 基于弱监督学习的海量网络数据关系抽取 [J]. 计算机研究与发展, 2013, 50 (9).

[3] 王元卓, 靳小龙, 程学旗. 网络大数据: 现状与展望 [J]. 计算机学报, 2013, 36 (6).

[4] 李国杰, 程学旗. 大数据研究: 未来科技及经济社会发展的重大战略领域——大数据的研究现状与科学思考 [J]. 中国科学院院刊, 2012, 27 (6).

[5] 钟秀琴, 刘忠, 丁盘苹. 基于混合推理的知识库的构建及其应用研究 [J]. 计算机学报, 2012, 35 (4).

[6] 程学旗, 郭嘉丰, 靳小龙. 网络信息的检索与挖掘回顾 [J]. 中文信息学报, 2011, 25 (6).

[7] 许文艳, 刘三阳. 知识库系统的逻辑基础 [J]. 计算机学报, 2009, 32 (11).

[8] 董振东, 董强, 郝长伶. 知网的理论发现 [J]. 中文信息学报, 2007, 21 (4).

[9] 梅立军, 周强, 臧路, 等. 知网与同义词词林的信息融合研究 [J]. 中文信息学报, 2005, 19 (1).

[10] 杜一, 任磊. DaisyVA: 支持信息多面体可视分析的智能交互式可视化平台 [J]. 计算机辅助设计与图形学学报, 2013, 25 (8).

[11] 戴国忠, 陈为, 洪文学, 等. 信息可视化和可视分析: 挑战与机遇——北戴河信息可视化战略研讨会总结报告 [J]. 中国科学: 信息科学, 2013 (1).

[12] 张昕, 袁晓如. 树图可视化 [J]. 计算机辅助设计与图形学学报, 2012, 24 (9).

[13] 李伯虎, 张霖, 任磊, 等. 云制造典型特征、关键技术与应用 [J].

计算机集成制造系统，2012，18（7）．

[14] 马翠霞，任磊，滕东兴，等．云制造环境下的普适人机交互技术［J］．计算机集成制造系统，2011，17（3）．

[15] 李伯虎，张霖，任磊，等．再论云制造［J］．计算机集成制造系统，2011（3）．

[16] 任磊，王威信，滕东兴，等．海量层次信息的 Focus+Context 交互式可视化技术［J］．软件学报，2008，19（11）．

[17] 任磊，王威信，周明骏，等．一种模型驱动的交互式信息可视化开发方法［J］．软件学报，2008，19（8）．

[18] 任磊，王威信，滕东兴，等．面向海量层次信息可视化的嵌套圆鱼眼视图［J］．计算机辅助设计与图形学学报，2008，20（3）．